U0348452

进阶思维

打破成长的边界

张湧 著

在当今社会，我们每个人不但要面对职场的竞争压力，而且要面对生活中的琐碎事情和意外。如何让生活多一些精彩、少一些遗憾？如何在工作中多一些能力积淀、少一些迷茫？如何控制情绪从而不焦虑、不慌乱？如何处理好家庭关系？如何做好财富管理？如何给人生做好布局？这些是很多人都渴望了解的问题。本书作者拥有丰富的人生经验，既经历过人生的辉煌，也跌落过人生的低谷，但他从不屈服于命运。作者通过自己的亲身经历，总结出人生成长的进阶关键词，包括规划力进阶、自控力进阶、学习进阶、领导力进阶、职场进阶、家庭进阶、财富认知进阶、理财进阶，鼓励每个人过好精彩的生活，找对人生的路，创造无限可能。

本书适合所有处于迷茫和焦虑中的职场人、面对人生选择的中年人以及对生活不放弃的人阅读。

图书在版编目（CIP）数据

进阶思维：打破成长的边界 / 张湧著. — 北京：机械工业出版社，2023.9（2023.12重印）

ISBN 978-7-111-73854-1

Ⅰ. ①进… Ⅱ. ①张… Ⅲ. ①思维方法 Ⅳ. ①B804

中国国家版本馆CIP数据核字（2023）第175426号

机械工业出版社（北京市百万庄大街22号 邮政编码100037）

策划编辑：解文涛　　责任编辑：解文涛

责任校对：王荣庆　王　延　　责任印制：单爱军

北京联兴盛业印刷股份有限公司印刷

2023年12月第1版第4次印刷

145mm × 210mm · 9.5印张 · 3插页 · 181千字

标准书号：ISBN 978-7-111-73854-1

定价：69.80元

电话服务

客服电话：010-88361066

010-88379833

010-68326294

网络服务

机 工 官 网：www. cmpbook. com

机 工 官 博：weibo. com/cmp1952

金 书 网：www. golden-book. com

机工教育服务网：www. cmpedu. com

推荐序一

做复杂时代的明白人

对于任何一位想要深入理解并探索成长思维的读者而言，《进阶思维》都是一座丰富的知识宝库。它展示了作者跨领域、跨学科的宽广见识。作者在书中不仅梳理了成长进阶的基础理论，还深入浅出地揭示了这些理论在实际生活和工作中的应用。通过阅读本书，读者可以透过现象看本质，洞察生活和职场运行的奥秘。

同时，本书不仅提供了答案，还提出了问题。这些问题让我们反思自身、反思社会、反思熟知的知识体系。正如先贤所说，未经省察的生活不值得过。这本书就像一面镜子，让我们看清自我、看清世界，也让我们看清思维的力量。它鼓励我们不断追求知识、不断追求进步，以此来实现我们的价值。

相比许多同类书籍，本书的写作风格也有益于读者更好地阅读和理解。本书避免了枯燥的讲解，简化了深奥的专业术语，以生动的语言和鲜活的案例，来引导我们一步一步地深入理解生活和职场的底层逻辑。它能够让我们在轻松、愉快的阅读中，获得满足感和成就感。

《进阶思维》将为读者打开一扇新的窗户。我希望读者能在阅读的过程中感受到知识的力量、思考的乐趣和生活的美好。

张闫龙

北京大学光华管理学院副教授

推荐序二

不断进阶的人运气都不差

读完张老师的《进阶思维》后，我想起了稻盛和夫先生提出的一个公式：人生结果＝思维方式 × 热情 × 能力。我认为《进阶思维》一书完美地诠释了如何通过优秀思维放大人生结果的逻辑。

在这个瞬息万变的时代中，科技日新月异，我们恰恰需要这样一种智慧的指引，帮助我们进行思维升级，理解复杂的现象，从而把握新的机遇，处理挑战和变革。

这本书既提供了思维进阶的路径，又提供了能力升级的方法。它深度解析了我们在当前复杂的世界中看待问题和理解问题的独特视角。

理论是研究的灵魂，实践是检验真理的唯一标准。这本书正是在理论和实践之间搭建了一座坚固的桥梁。书中的案例分析结合了张老师的亲身经历和感悟，同时也是真实生活的提炼，既具有鲜活的现实感，又充满了理论的启示。

书中提供的观点和分析方法不仅可以帮助我们更深入地理解这个世界，还能够指导我们在实际生活和工作中做出更明智的决策。通过深入阅读本书，我们可以获得一种看待问题的新视角和新的思维方式。

例如，从经济学的角度出发，张老师对经济学原理进行了深入剖析，使我们能够更好地理解和把握市场运行的规律。

又如，从管理学的角度出发，张老师通过亲身经历和真实案例，阐述了管理的本质、职能和技巧。通过分析这些问题，我们可以在这个快速变化的环境中，找到更有效的管理方式，更好地解决实际问题。

因此，无论你是学者、商人还是普通读者，这本书都能给你带来收获。它为遇到成长瓶颈的人提供了深入浅出的理论框架，为在商业领域寻求成功的人提供了实用而有效的工具。对于普通读者而言，它同样可以提供思维进阶的方法，帮助我们更好地理解和应对生活和工作中的各种问题。

这本书最大的价值不仅仅在于其中所包含的文字信息和知识，更重要的是它站在思维的高度提出的各种观点。这些观点能够帮助我们打破现状、探索未知，创造无限可能。这正是我强烈推荐这本书的原因。

读书是一种投资，而这本书无疑是值得我们投资的最佳项目之一。这本书将引领我们开启新的知识之旅，探索新的思考方式，发现新的自我。

总而言之，无论在理论层面还是在实操方面，《进阶思维》都是一本难得的佳作。我坚信这本书会成为我们理解世界、把握机会和应对挑战的重要工具。我期待你在阅读本书的过程中，能够感受到我所体验到的那种深深的启发和喜悦。

伊贵业

环球网校总裁

自　序

所有的能力超群，其实都是蓄谋已久

从落笔第一个字，到最终付梓成书，一转眼这本《进阶思维》终于与大家见面了。在创作这本书的过程中，我经历了无数次的彻夜修改，也曾随着记忆回到过去种种难忘的瞬间。K12教育、建造师讲师、金融投资……我曾在众多赛道中游走，既感受过身处巅峰时的意气风发，也经历过身陷低谷时的迷茫。唯感庆幸的是，在家人的陪伴和支持下，我在人生的每个阶段都体验到了不一样的风景，终于在人至中年之时，逐渐将自我世界的轮廓描绘清晰。

也许在一些朋友的眼里，我似乎是一个全能型的“小超人”，能够在各个领域都获得不错的成绩。但事实上，我深知自己不是那种“天赋型”选手，只是我会在人生的不同节点，或主动或被动地提前做好准备罢了。主动，源于我对自身的要求：如果选择驻足停留，我很有可能被行业、被时代淘汰。所以直到今天，我依然还像不少年轻人一样，在学习、备考，去迎接各种各样的考试以及各种各样的挑战。被动，则来自一些我们无法预料的现实，它们要求我必须做出调整，唯有如此才能始终坐在时代的列车之上。就像区块链、元宇宙、人工智能，这些全新的领域与我们的职业和人生息息相关，如果不去主动地了解它们、学习它们，我们必然会沦为一名“被淘汰者”。

洛克菲勒说过一句话：“成功是一个过程，而不是一个结果，这个过程由工作来连接。所有的野心和努力，都要落实在每一天的工作中。”这句话，正是这本书最好的注脚，也是我渴望分享给大家的。

在这些年的工作中，我结识了不少朋友，深知大家渴望改变未来、获得“超能力”的梦想。这个超能力，也许是职场超能力，也许是创业超能力，也许是管理超能力，甚至就是赤裸裸的“钞”能力，它们没有高低之分。但是，想要获得它们，我们就必须“蓄谋已久”，就像是一只盯紧猎物的老虎。这种蓄谋，不仅仅是构思和计划，还需要无数个日夜的不懈努力和坚持。在这个过程中，我们会通过阅读、培训、寻求导师指导和实践项目来完成主动收获，还需要经历各种必然存在但却无法提前预知的失败，这样我们才能破茧成蝶、能力超群。

在这本书中，我分享了不少关于自己的经历，它们有的略显苦涩，有的充满曲折，还有的则似乎有些神奇。我分享它们的目的，绝不是只想讲故事，而是希望大家可以通过我的经历，更加理解

“所有的能力超群，其实都是蓄谋已久”的意义。绝大多数人都不是那种天赋异禀的天才，也很难像张无忌一般经历山谷奇遇，我们唯一能做的就是，不断调整自己的思维方式和行为习惯，坚守初心，专注目标。这是一段寂寞而漫长的旅程，但也是一段充满成就感和满足感的旅程。只要我们能够耐得住这个过程，那么我们每个人都可以在自己的人生舞台上展现出真正超群的能力！

张湧

2023年9月于北京

目　录

第 1 章

善用杠杆：人生如你所愿

阿基米德曾说过："给我一个支点，我能够撬动地球。"这就是利用杠杆四两拨千斤的力量。走上成功之路的人总会说，赚钱是最容易的事情。而对于普通人而言，赚钱又是最困难的事情。一易一难，却都是现实，其本质的差别并不在于天赋，也不在于努力，而在于是否找到了撬动成功的杠杆。正所谓穷出力，富借力，真正的人生赢家正是善用杠杆的智者。

重新认知自我，清楚手里的底牌

人生不缺机会，缺的是杠杆。

在物理学中，杠杆是一根长棍加一个支点。我对物理学一直很感兴趣，高考时我的物理成绩接近满分，而杠杆理论则是我在初中沉迷于物理的开始。杠杆理论让我这个懵懂少年知道可以用很小的力气做很大的事情。人之所以为人，是因为人拥有借力的智慧，而不只是依靠自身的力量。

在投资中，杠杆是一种以小博大的投资方式。很多人奉行“人无杠杆不富”，用自己的钱买卖股票不过瘾，一定要融资融券；融资融券也不过瘾，一定要玩期货期权。用杠杆投资，有的人腰缠万贯，有的人倾家荡产，而前者凤毛麟角，后者比比皆是。所以，我经常奉劝投资者慎用杠杆。

在人生中，杠杆是一种借力成功的方式。在现实中，成功者不见得有多么艰辛，失败者也并非不够用功。虽然成功者成功的原因五花八门，但其成功的共性特征一定是利用了某种杠杆。他们可能是遇到了某个贵人，可能是抓住了某次机遇，可能是赶上了某朵时代的浪花……艰辛不过是成功者找到杠杆之前的状态，每个人的成功都是因为找到了自己独有的杠杆。

如何才能找到自己的杠杆呢？“认识你自己”当属第一要务。

认识自己可以说是我们一生的课题。我们往往看了无数的成功者案例，却得不到成功的人生。因为别人的杠杆不一定适合我们自己。一个适合自己的项目、一个展现自己的舞台都可能让自己大放异彩，成为撬起自己的杠杆。但同样的机会给到另外一个人，就可能是一场灾难。只有适合自己的机会才叫杠杆。

然而，认识自己并不是一件易事。它不仅是了解自己的表象，而且是认识到自己的不足之处。比如，人们时常过度自信，最终导致无法把控事物的发展，结果事与愿违。过度自信本是投资学理论，它是指人们过度相信自己的能力，高估自己成功的概率。凭运气赚钱，靠实力亏损，这就是过度自信的典型表现。

当我们感到迷茫或无助时，我们需要反思自己是否真正了解自己，是否找到了适合自己的机会来展现自己的才能。只有这样，我们才能在人生的舞台上发挥出最大的潜力，实现自己的梦想和目标。

只有认清自我，我们才能找到杠杆。

我们一生在追寻的，都是杠杆

管理学大师彼得·德鲁克有句名言：“做正确的事，再正确地做事。”

坚持、努力和永不放弃都是建立在正确的选择之上的。然而，有时候我们会陷入一种迷茫和无助的状态，就如同一只被关在玻璃瓶中的飞蛾，整日朝着瓶底不停撞击，却从未想过停下来自我反思，重新选择方向，寻找真正的出口。

我们穷极一生追寻的究竟是什么？大多数人第一时间想到的可能是财富、权力和地位。固然，财富、权力和地位是成功的表现，也是大多数人奋斗的目标，但这只是表象。在我看来，我们一生在追寻的，都是杠杆。我们在人生中会遇到各种各样的杠杆，如何选择杠杆，如何使用杠杆，才是每个人苦苦追寻的。

杠杆存在于我们生活的方方面面，每个人都很难逃离杠杆思维。比如，求学就是我们通过杠杆获取更高成就的一种成长方式。试想，我们鼓励孩子努力学习，其目的不就是让孩子提高学历和能力，从而在社会中有更大的竞争力吗？

硅谷最成功的投资人之一纳瓦尔·拉威康特曾创造了一个商业奇迹。他带领12名员工在18个月内创建了Instagram公司，之后被Facebook（现为Meta）以10亿美元的价格收购。这13个人在18个月内的平均产值为7000万美元，在当时约合人民币4.6亿元。纳瓦尔·拉威康特将这一成就归功于杠杆思维在商业市场中的运作。

我发现善用杠杆思维的人都具有三个特点。

首先，善用杠杆思维的人都懂得“第一性原理”。“第一性原理”原本是物理学术语，但被马斯克重新定义并应用于商业领域。马斯克在制造火箭时发现成本居高不下，于是他开始思考导致成本无法下降的主要原因。他发现火箭的制造成本高主要因为NASA需要把各种业务层层外包。于是马斯克开始对火箭制造环节进行层层拆解，确保每个环节都能自主设计、采购、生产、加工、制造，从而降低整体制造成本。

马斯克将“第一性原理”解释为：“我喜欢从物理学的角度来看待事物。物理学教会我根据‘第一性原理’做出推理，而不是通过类比进行推理。类比式推理就是几乎丝毫不差地模仿或模拟他人。”

马斯克的“第一性原理”的思维方式，可以理解为从源头开始解决问题。无论任何问题，只要我们能找到它的源头，就能够从根本上解决。

其次，善用杠杆思维的人都懂得放大时间的价值。时间的价值与重要性不同，很多人虽然懂得珍惜时间，但不懂得如何放大时间的价值。因此，他们把大量时间用于低头打拼之上，却不曾抬头看一看这个时代需要什么样的奋斗者。如果我们能够花费一些时间反思、总结和规划，那么就能够在单位时间内创造更大价值。

最后，善用杠杆思维的人都拥有坚定的恒心。任何杠杆的运用都存在一定的不确定性，不会立刻带来巨大的成果，所以很多人在使用杠杆思维时会浅尝辄止或者中途放弃。但真正的成功者懂得在使用杠杆思维的过程中磨炼自己，保持坚定的恒心，直至在专业领域内达到顶峰，然后撬动令人震惊的成果。

其实，巴菲特也曾表达过类似的观点。他曾说过投资需要两个技巧：第一个是长期坚持，第二个就是廉价杠杆。这两个观点结合起来，正是使用坚定的恒心来撬动杠杆。

人生就是一场杠杆游戏，不过大多数人并没有意识到这一点。相反，他们只是仰望高处的成功者，充满着期望与渴望。然而，我们也会看到更多的人在原地挣扎和努力，却没有思考这些成功者是如何找到支点、搭建跳板、借助各种资源和时代力量一跃登上顶峰的。我们一生都在追求杠杆，而杠杆也贯穿了我们的一生。因此，学会重新认识自己、搞清楚自己当前的现状，再思考杠杆的原理和作用，将有助于我们的生活发生巨大的转变。

你羡慕的人生，并没有那么轻松

在生活中，我们常常只看到他人光鲜的一面，而忽略了他们背后所付出的努力。实际上，每一个成功者的成功都是通过无数次的努力与付出才得以实现的。

曾经有一位粉丝对我说："我非常羡慕你。事业有成，家庭幸福，如今又是众人喜欢的行业大咖，我怎样才能和你一样？"我的回答是："选择最适合你的道路，拥有100%的坚定，付出200%的努力，承受300%的压力，每个人都可以做到。"

多数成功人士的成功，源于正确的选择和坚定的努力。他们所展现的光鲜，往往掩盖了背后的辛酸和付出。

平心而论，我的职场经历较为坎坷。自大学毕业之后，我最初选择了教育行业创业，也曾有过高光时刻，但后来却没能继续走下去。

我清楚地记得当时创业失败时，我负债高达200多万元，那时，我的整个生活都围绕着“还债”这两个字展开。我深感后悔，因为我个人的选择把整个家庭拖入了谷底。在那段艰难的日子里，我们全家的生活水平直线下降。妻子、父母都十分焦虑。为了维持生计，我不得不从事多份工作。整个家庭一再缩减开支，才勉强在还债的过程中维持生活。

在那段时间里，我的主要收入是兼职培训。为了能多服务更多的客户并增加收入，我不得不在北京城四处奔波。然而，忙碌会妨碍我们的思考，限制我们的改变。一旦陷入“穷忙”状态，我们就会忽视杠杆思维的重要性，以至于永远无法摆脱困境。好在当时的我没有放弃思考，也没有认为自己失去了选择的权利。在忙碌之余，我继续思考如何放大自己的人生杠杆。那段时间我每天挑灯夜读，最终考入北大。后来，首尔大学授予我全额奖学金。奖学金给了我喘息的时间，而留学则给了我重新选择的机会，最终让我找到了走出困境的方法。

人生道路充满了坎坷和跌宕起伏，从山腰到山顶的路往往只有一条——这条路充满了竞争与对抗，但逃离谷底的道路却通往四面八方。当我们身处谷底时，最困难的事情不是努力，而是如何找到那个能够让我们爬出困境的杠杆。如果我那时候没有选择通过学习提升自我，从而放大自己的杠杆，那么今天我可能依然在穷忙中挣扎，无法找到新的方向。

随着年龄的增长，我们所面临的生活压力越来越大。从青年时期的内卷竞争，到中年危机的到来，我们需要付出比以往更多的努力才能满足生活需求，保证生活质量。我们每天都陷入焦虑，开始担心一时的放松会让家庭陷入被动的局面，开始发现自己缺乏抗风险的能力。一场疫情让无数人惊醒，原来自己的生活是如此脆弱。

在这种状态下，我发现越来越多的人陷入了“穷忙”的状态。步入中年后，我时常与朋友相约围炉夜谈，回顾往昔。在这些短暂的相聚中，大家都会感叹人生充满遗憾，或错失了机遇，或选错了行业，等等。总之，大家常常会说：“如果当初是另外一种选择，我今天也许会更好。”其实，很多时候我们也会深入思考，如果当初我们做了其他选择，今天真的不会继续后悔吗？我认为，如果我们不懂得杠杆思维，即使换一条路径，依然还是会陷入相同的困境。

我们无法改变过去，但我们可以改变未来。我时常对朋友说：“既然曾经的自己不懂事，那么现在重新认识自己，换种生活方式可能会带来改变。”可大多数朋友会摇头叹息：“都这个年纪了，还折腾什么？”

对此，我不敢苟同。既然我们已经认清了，是曾经的失误造成了今日无法体现价值的结果，又为何轻易认命，沉沦于此呢？尽管我们认识到了以前的遗憾，但并不知道如何弥补，而且改错的成本太高了。用经济学的术语说，就是“机会成本太高了”。

我发现，大多数人在生活中都能够意识到自己的问题，但却无法找到问题的根源。所以，当遇到挫折或感到迷茫时，他们会抱怨自己曾经的幼稚，却不知道如何变得成熟和取得成功。

而我一直坚信，选择比努力更为重要，我们应该过善用杠杆的人生。

我发现还有人时常诧异，自己明明没有改变过梦想，可为什么不知不觉中却走上了另外一条人生道路呢？其实大多数人在成长过程中迷失自我的原因都可以归根于年少无知、选择错误以及缺少杠杆。

所谓年少无知，并非指我们年轻时自身学识不够，而是指我们的社会阅历不足，我们没有认清自己，没有理清现实，更没有认识到杠杆思维的重要性。所以，很多人到了中年才会发现，随着年龄的增长，他们的人生旅途太过平淡无奇，他们离最初的梦想越来越远。

所以，认识自我是做出正确选择的第一步。而认识自我的核心在于了解我要什么、我有什么以及我能付出什么。而杠杆思维则是聚焦如何放大“我有什么”，并通过“我能付出什么”尽快达成“我要什么”。

“我要什么”是我们的欲望和动力所在，是我们努力的目标。但是，“我要什么”是建立在“我有什么”的基础之上的。我们无法脱离现实去追求不切实际的目标。而“我能付出什么”则是为了弥补现实和目标的差距。

比如，一个擅长玩团队游戏的人可能具备快速反应能力、观察能力、战略思维能力和组织协调能力；而一个内敛含蓄的人则可能拥有穿透人心的洞察力以及与他人共情的能力。

有些人能够清晰地定位自己的未来，并对当下的自己有明确的认知。但是，在真正付出之前，他们往往会退缩。这也是很多人背离理想人生目标的主要原因。付出并不仅仅是日常的努力，更是面对挑战、磨难、痛苦时的坚定不移。我可以用自己的亲身经历与大家阐述一下，为了得到想要的东西，付出究竟意味着什么。

2012年创业失败后，我同时打着好几份工，努力还钱。2014年年初，我的儿子出生了。然而，他出生时体重还不足2500克，是一个早产儿。由于早产和肺炎的原因，他经历了一次全力抢救。作为父母，我们再苦再难都可以承受，但却难以接受一个初生的婴儿就经历如此非人的磨难。在那个大年夜，窗外爆竹声声，而我却只能隔着玻璃窗远远地看着保温箱里的瘦得皮包骨头的小不点儿，身上插满了各种仪器。过去几年再艰难我也不曾流下一滴眼泪，但在那一刻，我彻底崩溃了。中年人的崩溃往往只在一瞬间，那时，我非常后悔自己当初的选择，恨自己的无能，恨自己的失败。

是孩子让我真正成了男人，因为他让我开始扛起家庭的责任。那段时间，每天早晨睁开眼，我就需要马上思考如何能够保证当月按时还款。为了孩子和家人，我不能有丝毫松懈，更不敢生病，因为此时我是最不能倒下的人。幸运的是，我并没有完全被忙碌所裹挟，而是不断在思考破局之路。我没有被眼前的困难所击倒，即使活下去再艰难，我也没有放弃活出精彩的人生。

在事业和家庭深陷低谷，每天都在拼命还债的时候，我发现时间是最有限的东西。我认识到，想要破局，必须要找到杠杆，提升自己单位时间的价值，并最终彻底摆脱依靠售卖时间来赚钱的命运。为了实现这个目标，就必须要提高自己的学识、眼界和思维能力。所以，我选择重返校园。

在欠债200多万元，家庭入不敷出的情况下，我竟然决定重返校园。尽管大多数人都认为我疯了，但是我非常清楚，一个人的杠杆可能是第一桶金，可能是人脉资源，可能是优秀的平台，但这些我都没有，我唯一拥有的就是学习能力。而这最终成为我撬动杠杆的支点。

随后，我有幸得到了北大的认可，考上了光华管理学院的MBA。然而，考上MBA意味着要交纳高昂的学费，特别是对于我这个身负巨债的人而言。我一直不建议借钱加杠杆做投资，但那时候我不得不加杠杆去学习。在我看来，投资自己是最稳健有效的投资方式。靠贷款交清了第一年的学费，正当我发愁第二年的学费怎么办时，幸运之神似乎被我打动了。我申请的首尔大学给了我全额奖学金，不仅给我提供了在韩期间的生活费，还一并免除了我一半的北大的学费。

学习能力的杠杆发挥了巨大的作用。在接下来的3年中，我先后拿到了北大和首尔大学两所全球知名院校的硕士学位。被杠杆撬动的人生开始了。

诚然，我是幸运的。但我并非庆幸自己被名校选中，而是庆幸自己没有在生活的艰辛中迷失方向，没有在失败打击中沉沦，而是不断探索自我，认识自我，最终找到了适合自己的杠杆。失败的人生让人感觉有多迷茫，杠杆撬动的人生就有多精彩。人们常说“成功是靠99%的汗水加1%的灵感”，但大多数人即便付出了99%的努力，也无法找到那1%的灵感，最终只能黯然退出。然而，那1%的灵感正是源于自己的杠杆，而杠杆的寻找又来源于认识自己。

所以，选择比努力更重要，但认知决定选择。

实际上，人生的道路并不是一帆风顺的。面对挫折，有些人选择躺平，有些人沉迷于忙碌，而更多的人终其一生都没有找到撬动成功的杠杆。在当下内卷的环境下，不努力是不可能成功的，但只有努力而没有思考也是徒劳无功的。在低头看路的同时，也要抬头看天。我们需要思考的是：资金、技术、人脉、知识、影响力等因素哪些是能够推动我们走向成功的杠杆？

所有的危机都有迹可循，要善做决策

逆境让人坚强，危机让人成长。没有谁的人生能够永远一帆风顺，所谓成功者不过是更多危机的体验者。和失败者不同的是，成功者能够明白一切危机都有迹可循，并在危机中做出正确的决策，自然就可以顺利渡过危机，同时把危机转化为自己的成长积累。

我经常被问到危机给我带来的成长是什么。在我看来，危机是一个人能力的训练场。任何预演都是纸上谈兵，一场危机的应对胜过上百场排练。每当回首第一次创业的最后时光，我总能发现当时处理问题的稚嫩以及心理的脆弱。如果是现在遇到相同的问题，我相信情况会大不一样。可能我会提早预判市场的变化，早做转型；可能我会调动更多的外部资源，提升整合优势；可能我会更重视现金流管理，细水长流……

经历危机并不必然指向成功。危机带来失败的乌云，我们只有冲破阴云，才能重拾信心，才能发现避免危机、渡过危机的规律。

很多人会担忧危机的到来，这是因为他们没有真正理解“危机”二字的含义。中文的博大精深正体现于此。危机的英文翻译是crisis，但更多凸显的是危险、危难。但危机既包含了危险，也隐含着机遇。阴晴圆缺，起伏跌宕，万事总在好与坏之间不断转换。一帆风顺的时候，可能恰恰就是一场危机的开始；而看似战战兢兢、步履维艰的时候，可能危险正在过去，转机即将到来。

善用危机的人，不仅能从危难中全身而退，还可以完成自我蜕变，迈上新的台阶。不经历那场危机，我也无法发现自己的核心优势，磨炼自己的心智，找到新的发展方向。

在投资中，我常说不要浪费每一次熊市；在人生中，我想说不要错失每一场危机。

抓住问题的本质和关键，才能进阶

我们当前的生活环境变幻不定、杂乱扰人。很多人的生活看似五彩斑斓，但事实上却面临着各种各样的问题和挑战。这是这个时代的特色，也是我们需要认清的事实。

提及时代的复杂特征，是为了让大家意识到这个世界的真实样子与表象完全不同，我们生活、工作中出现的很多问题，与我们想象的也不同。只有抓住问题的本质和关键，我们才能实现人生进阶。举一个简单的例子，很多人跟我抱怨，一些投资项目看上去收益颇丰，风险可控，可真正购买之后却完全是另外一种状况。究其原因，是他们没有搞清楚投资的底层资产的状况。不了解投资了什么，自然也就无法说清楚什么情况下会亏钱。投资赚钱的本质是底层资产要赚取收益，如果底层资产不够好，表面的收益可能只是击鼓传花、拆东墙补西墙的游戏。无法认清事物的本质，自然就无法做出正确的选择，更不可能找到自己的杠杆。

在我看来，专注事物的本质与关键不外乎两点：一是将微观的事物进行直观呈现，二是透过复杂表象深挖底层逻辑。我曾经在第一次创业时教初中生学化学。我发现学生们对化学知识不感兴趣，学习的积极性不足。经过深入了解和分析，我发现问题的关键在于化学这一学科过于抽象，难以引起学生的兴趣。针对这一情况，我开始思考如何将微观事物以直观、生动的方式呈现给学生。

后来，我使用橡皮泥等教学工具进行化学元素呈现，让学生用不同颜色的橡皮泥揉成大小不一的球体，然后用各个颜色代表不同的化学原子。例如，将一个紫色和两个绿色的橡皮泥球揉在一起，用于表示水分子的原子组成以及分子结构。通过这种方式，学生能够直观了解到分子的本质，本质抓住了，那些复杂的分子式和化学反应方程式只是本质的一种呈现形式，自然就可以迎刃而解。所以本来需要一学期才能完成的任务，很多学生一两周就顺利解决了。抓住本质，本身就是一种杠杆。

在我看来，经济学本身就是一种抓本质的学科。在经济学的研究方法中，把定性事物定量化，然后再通过定量手段进行关系研究的方式，其实本身就是从现实事物中抓取本质并把本质数量化的过程。例如，通过回归分析，我们可以发现两个完全不相关的事物之间的内在联系。比如，管理学中的一个经典的案例是24小时便利店里婴儿纸尿裤和啤酒的销量呈正相关关系。这是因为太太们常叮嘱丈夫下班后为孩子买纸尿裤，而丈夫们在买纸尿裤时又随手带回了他们喜欢的啤酒。

抓本质的根本目的是抓住事物运行的规律。把握规律才能举一反三、快速掌握知识，并可以进行更多的延伸创造。这何尝不是一种重要的杠杆呢？

杠杆是人生进阶的阶梯

运气，是成功者的谦辞，失败者的借口。

纵观当代社会，科技的发展推动着时代的变迁，机遇层出不穷。然而，在如此跌宕起伏的时代浪潮中，能够逐浪而行者却依然寥寥无几。那么，究竟是什么造就了人与人之间的差异呢？

有人说是思维，有人说是资源，还有人说是运气。但我觉得这一切归根结底都是杠杆的作用。在当下万物互联的时代，商业思维和优质资源都能够被共享，风口面前人人都有机会。如果冷静地对比那些“运气好”的人和“运气差”的人，我们可以发现两者的区别正是是否能够利用杠杆。

我年轻的时候曾经认为，只要努力就一定会成功。所以，我比任何人都勤奋，比任何人都敢打敢拼。但是，那段时间我没有意识到依靠出售自己的时间是永远无法实现远大梦想的。如果不能够提升自己的人生价值，一切奋斗都只会让自己离目标越来越远。

下面我给大家分享一个经典的商业故事。

两位毕业于著名院校的研究生A和B同时加入了一家公司。他们表现出色，加之自身能力突出，因此都受到了领导的赏识，年纪轻轻就担任了重要的技术岗位，享受令人羡慕的优厚待遇。两年之后，两人面临一次重要的职位竞争，谁能胜出谁就是这一部门的主管。在职业生涯重要的转折阶段，不想其中一位竞争者B主动退出了竞争，并且选择离开公司。

又是两年后，升任部门主管的A在一次行业展会上遇到了B。这时B正在展示自己研发的新设备，客户纷纷与B签订订单。A看到这一设备后十分羡慕，对B说："我一直也想研发类似的设备，但苦于公司不支持，所以一直没有机会，不想你已经成功了。对了，你的设备的销售和利润情况怎么样？"B回答说："销售没有问题，每台设备的纯盈利大概为两万元。"A不由羡慕道："我一个月的工资才两万元，你一天的收入比我几年的工资都高。"

这时，B回答道："其实，你的能力一点都不比我差，当初竞争主管职位时我没有胜过你的信心。不过那个职位对我来说不重要，因为我知道通过什么样的方法体现自身价值。"

我对这个故事感触非常深，因为曾经很长一段时间我都扮演着不懂得运用杠杆的A，看着身边一个个B超越自己，却依然在埋头苦干，不曾驻足思考。明白了杠杆原理后，我才发现一个不懂得运用杠杆的劳动者只能获得劳动收入，但运用了杠杆之后一个人的时间价值就能够成千上万倍地放大。

我们每个人的时间是有限的，人在成长中的确需要经历一个不断付出时间获得更大回报的阶段。然而，真正让我们的人生发生质变的不是单纯地花费更多的时间，而是通过杠杆提高单位时间的含金量。

我发现人生杠杆主要分为三种。一是劳动力杠杆，这也是人生进阶最基本的杠杆。所谓劳动力杠杆，就是通过杠杆放大劳动力，即让更多人为你付出劳动力，为你打工。这种杠杆需要一定的管理基础，价值放大的效果主要为等价劳动力的倍增。二是资本杠杆。资本杠杆是当代最常见的财富杠杆，这一杠杆的核心逻辑就是让金钱通过杠杆产生更大的价值，也可以视为利用金钱扩大人生决策力。我个人目前正在使用资本杠杆，这一杠杆需要一定的金融知识基础，以及全面的进阶思维。三是个人品牌杠杆。所谓个人品牌杠杆，就是通过个人品牌打造放大个人价值和品牌价值的杠杆思维。这一杠杆在当前的自媒体时代十分常见，是放大身份价值的主要杠杆，不过随着自媒体行业竞争的加剧，这一杠杆的运用需要提高领域的专注度，以及对时代潮流把控的敏感度。个人品牌杠杆也是这些年我个人使用的效用最大的杠杆。通过个人品牌我链接了更多的资源，也展现出更多的自我价值。当资源链接本身就成为一种价值的时候，人的时间价值就被无限地放大了。如果链接的资源恰恰又是非常顶级的资源，那效用就更是可观。

这恰恰就是富人会越来越富有的原因——杠杆放大了他们的资源的价值！

杠杆是人生进阶的阶梯。这个世界上所有的成功其实都与杠杆有关，而不是运气。我们可以这样理解，懂得运用杠杆思维的人可以借助思维、资源、时代风口等各种因素创造财富，不懂得运用杠杆的人只能用时间和劳动来换取财富。在这个瞬息万变的时代，只懂得出卖时间和劳动力的人很容易被科技取代，而真正能够掌握人生主动权的正是那些懂得运用杠杆的人。

如何给自己做性格测评和职业测评（MBTI）

在提醒身边的朋友重新认识自己、明白危机可循的过程中，我通常会建议朋友进行一次性格测评和职业测评。因为单纯依靠主观思考很难准确把握自己的内在，通过一些权威、专业的测评方法能够让我们更快捷、更全面地了解自己。

关于性格测评和职业测评的方法，我个人推荐MBTI。MBTI的英文全称为Myers–Briggs Type Indicator，译为迈尔斯－布里格斯类型指标。这是由美国作家伊莎贝尔·布里格斯·迈尔斯和她的母亲凯瑟琳·库克·布里格斯共同制定的一种人格类型理论模型。这一性格测评模型以心理学家卡尔·荣格提出的8种心理类型为基础，之后通过了20多年的发展，有了功能等级等概念的细化，能够有效定位每一种类型性格的特点，以及在职业中需要注意的事项。

我曾经对MBTI与其他性格类型理论进行了对比，发现MBTI最大的特点是它能真正深入、系统地帮助我们把握人格特点。目前，这一测评方法已经被翻译成10多种语言，全球每年测试人数超200万人。据权威商业组织统计，世界百强公司中89%的企业引入了MBTI测试，并将其作为管理者、员工自我发展、改善沟通以及提升成长效果的重要工具。

我希望各位朋友在遇到成长问题时进行一次MBTI测试，我的微信公众号（张湧说财经）中有系统的MBTI测试工具，以及明确的测试流程。通过一系列问题的回答，我们能够进行自我偏好、性格特点的准确评估，发现个人的优势与劣势，从而促进自身的成长和发展。

我一直认为做MBTI测试不是为了让我们了解自己是什么样的人，而是明确如何让自己变得更好，如何获得更大的成功。所以，如果我们拥有追求美好人生的欲望，不妨来我的公众号测试一下。

第 2 章

规划力进阶：如何设计人生的导航地图

"人生苦短"是我听中年人说得最多的一句人生感叹。时间如梭、光阴荏苒，不知不觉中人生就到了中年，这时回顾自己年轻时的虚度，遥望未来的路途，自然感觉人生苦短。"苦短"不是人生的常态，而是大多数人生活的常态。想要告别"苦短"，首先需要规划人生，当我们的人生能够被充分掌控时，我们才有获得高质量人生的权利，"苦短"也能变作"乐长"。

明知人生需要规划，为何规划人生的人却寥寥无几

《礼记·中庸》中写道："凡事豫则立，不豫则废。"这是大众熟知的人生至理，我们也能够从中意识到规划的重要性。然而，现实却往往是大多数人始终没有进行长远的人生规划，甚至在生活当中没有制定任何规划的习惯。

在现代社会中，许多人选择随遇而安、得过且过的方式生活。为何我们即使看到成功者都是通过人生规划逐步达成目标，也明白有条理、有思维的行事方法可以提高自己的成长效果，但却依然选择随波逐流的方式不断沉沦呢？

在真正进行过换位思考后，我才突然明白，并非大家不愿意规划自己的人生，而是我们不懂得如何规划，或者某些人依然没有意识到人生规划的重要性。通过梳理和分析后，我将当代人不愿做人生规划的原因总结为以下三点。

1. 无法看清未来

所谓人生规划，是指根据未来的发展形势制订的发展计划。导

致大家无法进行人生规划的主要原因就是我们对未来发展形势的认知不清。这就如同投资理财一样，大多数人难以预估未来可能发生的事情，比如未来哪些行业会崛起、哪些企业能够一鸣惊人，既然无法预估，自然就不敢盲目投入，所以很多人不知道如何进行人生规划，也不敢进行人生规划。

大多数人在思考未来时把眼光局限在了过去，习惯用过去的经验看待未来的发展。我认为，在当下瞬息万变的时代，这种思维并不正确，从我国社会近年来的发展变迁中就能够感知，过去的经验已经很难全面支撑我们看清未来趋势。

以当下火爆的新能源行业为例，2023年4月国家能源局发布了《关于推动光热发电规模化发展有关事项的通知》，其中提到我国光热发电行业市场规模在短短数年时间内已经达到了千亿元，增量提升60倍，这一增长速度是无法从以往的发展数据中预估的。如果我们一直习惯把眼光局限在过去，而不是聚焦当下，没有进行大胆的思考和理性的判断，我们就很难感知未来的变化。

正是这种思维习惯导致很多人认为人生规划是一件难度大、准确度低的事情，或者不知道如何制定人生规划，最终只得伴随着时代的发展趋势，疲于应付生活与事业的变化。

2. 自我认知不清

提到人生规划时很多人会感到迷茫，尤其是年轻人最为突出。

这是一种自我认知不清的表现，当我们不知道自己能够成长为什么模样、能力能够达到怎样的级别时，自然就难以制定有效的人生规划。

年轻人有这样一种常态：毕业进入社会时没有任何目标，找工作时更多关注待遇与劳动强度，进入一家企业后感觉不适应又换到另外一家企业，在就业、失业的不断切换中越发迷茫，直到被现实生活磨掉所有的锐气，忘记了曾经的理想，最终选择一份还“凑合”的工作“凑合”地过一生。

其实，导致这种常态的原因是我们不知道自己应该选择哪一行业，应该进入哪些企业，应该选择什么岗位，又应该如何从基层员工成长为中层主管、高层经理。这就是缺乏人生规划的结果，而导致这种结果的原因就是自我认知不清。

3.看不到人生规划的价值

我们常说“计划赶不上变化”，这也是很会规划人生的人总结的一句感受。的确，很多人最初都会对生活和职场进行短期或长期的规划，但规划之后却发现很多规划无法实施，很多目标无法达成，最终导致自己失去了人生规划的信心，或认为人生规划毫无意义。

的确，人生发展充满未知。理想虽然丰满，但现实却十分骨感。不过我们需要清楚，人生规划不是一成不变的，个人成长也不是按部就班的，顺应时代发展，适应环境变化，才是人生规划践行的正确方式。如果我们因为在人生规划推进中遇到挫折与失败就否定人生规划的意义，那么我们就很难实现人生目标，获得成长。

我相信大家都能够认识到人生规划的重要性，也能够发现有规划的人往往可以攀上人生高峰，最终实现梦想。我们当前迷茫的状态更多是因为自己不知道如何进行人生规划，或者如何正确地规划，当我们具备了规划思维和规划能力后，就能够获得改变人生的能力。

人生需要导航，给自己的人生做规划

很多人不仅清楚人生规划的重要性，也明白自己无法做人生规划的根本原因，但依然没有动力或欲望做人生规划。我分析过这类人的心理状态，发现这类人对人生规划的认知存在根本性的不足。换言之，这些人只是看到了人生规划表面的价值，而无法将其与自身联系起来。

我的一位朋友便是如此。上学时他曾是众人羡慕的优等生，毕业后他以优异的成绩进入了一家知名企业。当时我们都认为他的人生成就可以超越大多数人，可多年后再次见面，他依然是那家公司的基层员工。当我们聊起“人生规划”的话题时，这位朋友居然说道：“咱们还规划什么？这是‘商业大佬’才需要考虑的问题，咱们老百姓踏踏实实过日子就够了。”我当时非常奇怪，他明明能够意识到这些“商业大佬”的成功思维，却认为这与其毫无联系。所以我不禁问道：“你为什么认为咱们不需要规划一下人生呢？”他回答道：“有那个时间我还不如多赚点钱呢。”

这一刻我意识到，他并不是没有人生规划，而是为自己规划了平庸的一生。

我不否认平凡是一种幸福，但我更希望大家能够活出最好的自己。所以从那之后，我便开始与更多人分享“人生需要导航，给自己的人生做好规划”。同时，为了给更多人带来真切感触，我会把自己的人生规划经历分享给大家，让大家清楚感受到平凡和成功之间，完全可以规划一条清晰的路径。

刚刚毕业时我与大多数人年轻人一样，对人生充满了迷茫。虽然当时我也做了一些人生规划，但因为我对自己的认知不够清晰，所以做得并不到位。这才导致了我在后来的创业中失败。

大学毕业后，我对自己的人生规划比较简单，也比较笼统，现在想一想还有一点不切实际，但至少我找到了一个事业发展的明确方向。我当时的规划是先积累经验，然后创业，希望到自己三十岁的时候拥有一家上市公司。

在真正践行规划的过程中我充分意识到，现实十分残酷，很多时候我们无法把握人生发展的节奏。虽然毕业后短短几年内，我就凭借自己的努力在教育事业取得了突出成就，收入也较为丰厚，但我没有打下稳固的创业基础，或者说我还没有找到适合自己的创业机遇。在这种情况下，我犯了一个错误，就是强行按照原有规划进行创业，这也成了我创业失败的一大原因。

当我从人生巅峰跌入人生低谷的时候，我开始怀疑人生规划的意义，甚至丧失规划未来的信心。不过好在我及时意识到了问题的根本：做人生规划本身没有错误，而是我在规划过程中失去了方向。正如我前面所说的，人生规划不是一成不变的，也不是按部就班的，而是应该根据实际情况不断修正方向、调整节奏和完善内容。

明白了这一点之后，我开始重新认识自己，开始冷静下来思考应该如何调整自己的人生规划才能够摆脱困境，早日达成目标。

通过不断的反思与梳理，我发现自己当时从事的工作并不能完全契合自己的兴趣和特长。事实上，我更喜欢、更擅长做一些专业性强的事情。例如，我喜欢数字分析，对专业知识和深奥的理论知识十分敏感。另外，我还喜欢将自己的所学所得与他人分享，在这一过程中我能够保持兴奋并感觉到快乐。

同时，我对销售、管理、业务拓展等方面并不感兴趣，所以即便我在这些方面十分努力，也总会产生一种自我怀疑，这导致我每天在从事这些工作时非常纠结，缺乏自信。

反思过后，我得到了一个非常重要的信号：我的创业条件并不完善，创业方向并不正确。所以，我的创业并不是水到渠成的，而是强行为之的。由此，我深切地感受到，人生规划并非一成不变，人生也不会因为一次、一时的正确规划而一劳永逸。在人的一生中，我们需要根据不同阶段、不同环境不断调整人生规划的方向。同时我们也需要不断自我反省、加强自我认知，在自己热爱的正确方向修正人生规划。

经历了这次失败之后，我开始重新认识自己、重新思考人生，之后做出了读书、完善自己的决定。最终，我考上了北大，随后又到韩国留学。在这段时间里，我进行了深刻的反思，我发现我需要做出第二次职业选择。虽然回国之后我依然能够在教育行业获得丰厚的回报，但我认为在这一领域我无法达成自己的人生目标。所以，我做出了转行到金融行业的决定。

当我做出这一决定时，很多人表示反对，甚至我的职业规划导师也不建议我到金融行业发展。为此我又一次冷静地分析了自己的选择，我发现金融领域更契合我的人生规划，也更能够体现我的价值。我对这一行业保持着较强的探索欲望，所以我勇敢地迈出了这一步，毅然决然地进入了金融行业。

进入这一行业后，我保持了充足的理性。在投行、券商、财富管理等领域分支中进行了冷静对比之后，我选择了更适合自己的财富管理。因为我认为财富管理更适合我个人的特性，加之在北大、首尔大学求学期间我也积累了相应的知识和资源，所以我坚信这一方向是正确的。

经过了这次人生转折后，我更加意识到人生规划的重要性，也越发明白人生规划需要关注的重点。比如，进入金融行业后我进入了一家非常知名的财富管理公司。当时我对这家公司抱有极高的期望，因为它拥有非常健全的人才培养机制，每年都会到哈佛、斯坦福、清华、北大等全球各大商学院招聘优秀毕业生，并且为这些储备人才进行长达半年的专业培训。我认为这样的机遇难得，所以选择了这家公司。最终，我以优异的成绩结束了培训。说心里话，这段经历让我受益颇丰，也为我的第二职业的发展奠定了坚实的基础。

不过，真正进入工作岗位之后，我迅速发现这一平台并不能满足我的人生发展需求。因为我面对的是各种金融产品，而我对这些产品的理财理念并不认可，我认为在这一领域我无法发挥自己的优势，也没有办法继续获得成长。所以，我开始调整自己的发展方向。

不久后，在朋友的介绍下，我进入了另外一家美国上市财富管理公司，这家财富管理公司与我期望的发展环境十分匹配。通过公司的投资产品，我能够了解到这些产品背后的底层逻辑，这是我擅长且热爱的方向。在随后的六七年的时间中，我在这家公司获得了显著的成长，也积累了丰富的经验，并逐渐具备升级人生规划的资本。

于是，我又一次开始自我审视，重新进行自我定位，并为我在金融领域更长远的发展进行定位与规划。记得有一天晚上，我站在北京国贸大厦的办公室窗前，俯瞰北京最繁华地段的夜景。在眼前的车水马龙与灯红酒绿间，我开始回顾自己三十多年的过往，思考未来的人生历程。那一刻，我总结了自己十余年间职场的跌宕起伏，回味了人生经历的潮起潮落。最终，我为自己写下了五个字“教育加金融”，这是我人生规划的新方向，也是我多年来积累的最宝贵的财富。

通过这次对未来的规划，我感觉自己的未来发展目标越发清晰，并沿着这一方向挖掘更多资源，努力提升自己。比如，我开始争取一切机会强化、锻炼并表现自己的“教育加金融”才能。我主动参加公司的财商培训活动，并作为讲师到全国各地为青少年做财商培训。我还参加了各地区财商培训课程的研发。随后，我又抓住互联网教育高速发展的契机，在线上发布自己的财商培训课程，开展各种财商培训活动。在这个过程中，我逐渐从财商课程分享者转变为开发者，再成长为专业讲师和财经达人。如今，我在财经教育领域的粉丝已经超过百万，也成了很多基金公司直播间的常设嘉宾。随着知名度的提升，我身边的资源随之而来，并逐渐整合，这让我对“教育加金融”的人生规划更有信心了。不仅如此，还有家族邀请我参与到他们的家族财富管理中。我也逐渐进入自己理想的人生状态。

如果没有清晰、准确的人生规划，很难想象我会在中年进入极度内卷的金融行业后，不仅站稳了脚跟，还快速地走出自己特有的发展道路。方向如果不对，努力都是徒劳。

我们之所以感到迷茫，我们的人生之所以平庸，是因为我们缺乏规划，缺乏导航。当我们开始对自己进行人生规划时，我们就会发现人生旅途可以变得更加顺畅，人生目标也更加清晰。当然，这需要我们跳出原有的规划思维，勇于进行人生规划，并勇于面对未知的挑战。同时，我们需要学会看清自己，鼓励自己迈出人生进阶的关键一步。

在不同的人生阶段如何做好规划

其实，人生规划虽然重要，但并不复杂。我们可以把人生规划简单理解为在正确的时间做正确的事。只要保证时间和事情的正确性，我们就能够把握人生的主动权。当前，很多人之所以感到疲惫而焦虑，正是因为他们打乱了人生节奏。

比如，很多年轻人根本没有做任何人生规划，却在青春岁月中整日放纵，美其名曰享受人生。然而，事实上他们却在挥霍自己的青春。最迟到30岁，这些年轻人就会发现自己的能力无法满足社会的需求。这时，他们的人生节奏已经彻底被打乱，导致一步跟不上步步跟不上。在随后的人生中，他们或是在焦虑与被动中沉沦，或是花费更多精力与时间弥补曾经的错误选择。

我曾有一位学员，他毕业于名校，眼比天高，看不上任何工作岗位，一直认为以自己的学历给他人打工属于屈才。于是，他满怀信心地选择了创业，直到社会的残酷让他重新认识自己。

如今，这位学员已成为我们团队的一分子，我能够看到他的努力和拼搏。回想最初相遇时正是他创业失败的低谷时期，那一年他28岁，每天从事3份工作用于偿还创业时欠下的债务。加入我的团队之后，他才意识到“穷忙”根本无法转变自己的命运，于是开始跟随我学习金融知识，不断丰富自己。3年后他终于找到了撬动命运的杠杆，不仅偿还了上百万元的债务，更收获了人生的第一桶金。

如今，他已成为我们团队的主力之一，时常感叹与我的相遇，对我表示满满的感激。我对此的回答是幸好他在人生的第一阶段规划并选择了正确的方向，虽然第二阶段的规划出现了错误，但有了第一阶段的积累还能够及时弥补。否则，他根本无法扭转命运，更无法找到人生的第二曲线。

我时常把这位学员的经历分享给身边的人，并强调人生规划的重要性。为此，当很多人问及不同人生阶段应该如何规划的问题时，我做了以下总结。

人生规划整体上可以分为三个阶段，分别是20~30岁阶段，30~40岁阶段，以及40岁之后阶段。

首先，在20~30岁阶段，我们需要规划的是自己的事业。当代年轻人缺乏人生规划的主要表现也在于此。很多人工作后依然不知自己喜欢做什么、擅长做什么或渴望做什么。他们只因为某些工作达到了收入期望值，就在自己不喜欢、不擅长的工作岗位虚度光阴，或者就此沉沦，或者因个人成长无法跟上时代发展而被企业淘汰。

20~30岁是人生最重要的积累阶段。在这个阶段，收入并不是职业规划的第一选择。我们要思考到30岁的时候能够获得哪些人生资源，拥有怎么样的职业背书，这段时间的积累和沉淀能够支撑我们找到职业的第二曲线。

很多20~30岁的年轻人认为，刚刚毕业还没有任何社会阅历的自己没有选择的权利，只能在专业对口的领域选择，投简历后等待企业或工作选择自己，之后在不断的试错中寻找方向。

我非常不认同这种思维。我认为年轻人首先应该找到自己事业的兴趣点，然后根据兴趣点思考应该进入哪些行业。这时，千万不要被专业限制思维，因为现代社会不同行业存在共通性。如果你学习的专业是工商管理学，那你就可以思考各个行业的相关管理工作，之后思考各种行业的发展前景，在确定了行业发展潜力后，再结合自己的兴趣点、特长针对性地找工作，这样才能降低试错成本，增加自己的人生积累。

以我个人为例，我毕业的时候因为成绩优异收到了家电企业、报刊企业、电信企业、教育企业等多个行业的录取通知。在我选择行业时，我考虑到家电行业当时正处于瓶颈期，所以这一行业未来的发展速度肯定受限；而互联网时代到来后纸质传媒行业必然受到巨大冲击，所以我也没有考虑报刊企业。最终我选择教育行业是因为当时这一行业处于急速上升期，市场潜力巨大，且与我的特点与发展预期相符。所以我进入了这一行业，并快速成长。

总而言之，20~30岁时的人生规划的重点不是收入，而是成长与积累，以及发展前景，千万不要因为一时的利益而虚度青春。

其次，30~40岁阶段是人生规划最重要的时期，也是决定人生高度的关键时期。这个阶段的规划重点就是如何让自己的事业和人生进阶升级。我认为这个阶段的规划分为两种状态。

第一种是在20~30岁阶段已经积累了足够的资源与经验，这时我们就可以思考如何激活职业的第二曲线，让自己的事业全面升级。以我个人为例，在教育领域积累了多年经验后，我发现自己遇到了成长瓶颈，经历了创业失败，我开始学习、丰富自己，并修正人生规划，进入金融行业激活事业的第二曲线。这不仅帮助我完成了人生的触底反弹，更让我找到了未来发展的清晰路径。

第二种是在20~30岁阶段缺乏正确的人生规划，在35岁之后开始遭遇中年危机。这种状态非常痛苦，因为35岁之后被动换工作非常困难，很少有企业愿意接受35岁以上的新员工。这不是年龄歧视，而是35岁之后很难在新企业、新平台上找到合适的位置。当然，这不代表我们在35岁之后的不能更换平台，只是更换平台的方式更多依靠朋友的推荐，而不是简历的投送。35岁之后，我们已经拥有了丰富的工作经验，朋友对我们的能力也有了更清楚的认知，通过朋友推荐才能够找到更适合的工作，并让企业敢于聘用“职场老人”，从而使职场更换更加顺利。

所以，对于那些在20~30岁阶段没有积累够足够的资源、没有充分提升自己能力的人，我认为这段时间的人生规划有两个选择：一是及时通过学习丰富自己，让自己具备激活职业第二曲线的实力，二是充分调动自己积累的资源，改善自己的职场状态。否则，他们很容易陷入一种上下两难的境地。

最后，在40岁之后的阶段，我们将面临一个人生关键转折点。因为在这个年龄段，我们进入了经验丰富但精力不足的时期，同时家庭又处于上有老下有小的状态，因此肩负的责任与压力更加巨大。在这个阶段，人生规划的重点只有一个，那就是充分了解自己的优势，并善用自己的优势和资源，让自己具备独当一面的能力，能够切实把某种工作执行落地。

在这里我想重点提醒一类人保持足够的谨慎，这就是企业的中层管理者。40岁之后的企业中层管理者其实面临着巨大的职场压力。到40多岁才成为管理者的人往往是“熬”出来的，即资历到位、能力合格但不够突出。这类人想再晋升为高级管理者有难度，但重新回归一线已经彻底不适应。一旦被替换或淘汰，他们将陷入巨大的人生危机。

所以，我认为40岁的人在人生规划时要学会善用自己的优势和资源，让自己的职业发展保持上升状态，否则我们的人生很容易进入下坡阶段。

40岁之后善用自己的优势和资源，是指认真审视自己在

20~40岁的积累和打造的个人优势，然后有针对性地利用这些资源和优势与发展对接，进而让自己保持一个良好的发展状态。这样我们不仅能够规避人生危机，还能够保持良好的个人发展。

另外，就40岁之后的人生规划而言，我认为有两类人能够长久屹立不倒：一类是企业的高级技术人员，另外一类是企业的高级管理者或合伙人。这两个群体是企业的核心支柱，所以即便在40岁之后也不容易遭遇人生危机。当然，这两个群体的人生规划同样是善用自己的优势与资源，进而为人生创造更多成就，达到更高的高度。

好工作是设计出来的

我们的职业生涯决定了人生的高度，能够巧妙规划工作的人往往可以收获更加丰盛的成果。我经常听到身边人抱怨，自己的朋友、同学毕业后就找到了一份好工作，工作环境、劳动强度、日常收入明显高人一等，突然之间自己与其拉开了巨大差距。听到这些抱怨时我不禁会反问："你为什么不能拥有这样的工作呢？或者把他的工作机遇给你，你能胜任吗？"

大多数人听到这一问题会选择沉默。透过这一问题，我们就能够看到职业规划的本质。

我有一个晚辈前两年刚刚毕业，在国外留学时她学习的是金融数学专业。回国后她找到了我，咨询我找工作的问题。我当时问道："你对未来事业发展有什么规划吗？"她回答："当然是找一份对口的金融或者数学工作，然后发挥自己的学历优势，获得丰厚的报酬。"听到这样的回答我表示不认同，因为当前的金融行业已经过了高速发展阶段，行业内的竞争已经到了惨烈的程度，每一个角落都在内卷，不仅就业机会少，发展压力也大。

我随后又问道："你觉得你的兴趣和优势是什么？"她想了想

说道："我对数字比较敏感，我擅长和数字打交道。"于是我建议道："那为什么不找一份能够发挥你的特长，同时结合你的专业的工作呢？"

小姑娘听了这一建议之后，找到了一份数据分析的工作。而目前正是大数据时代发展的健康时期，传统社会经济正在向数字经济转型，各大行业、企业都在打造自己的数字分析体系，所以数字分析人才目前十分紧缺，加之人工智能技术的赋能，所以这一领域发展得十分迅猛。如今我的这个晚辈已经成了同龄人中的翘楚，职场发展得顺风顺水，且前途一片大好。

我分享这一案例只是想说明，好工作其实更多是规划、设计出来的，而不是"找"到的。尤其是对于刚步入社会的职场新人而言，我们首先需要做的不是找到一份工作，而是进行一次人生规划。的确，这一阶段的年轻人缺乏明确的自我认知，对未来规划大多处于懵懂状态。但我们一定要学会对一个行业进行分析判断，然后进行对比与思考，避免自己进入一种先找工作，再判定合适与否，然后在这一岗位上进行人生思考的试错状态。从步入社会的起点就进行人生规划，我们会发现其实我们拥有更多选择权，也能够找到利于自己成长的好工作。

你要这样确定职业方向

回顾自己的人生过往，我十分庆幸自己在刚刚进入社会做人生规划时保持了清醒，虽然中途也曾出现因自我认知不清导致的人生低谷，但对比大多数身边人，我的事业起点与事业发展的确更加顺畅。

前面我提到，刚刚毕业那段时间我在行业选择时进行了长远的分析规划，让自己有了进入行业的积累与成就。但回想那段时间，我发现身边人在确定职业方向时千姿百态，正是这种规划差异导致了今日的人生差距。

我们那一代人毕业时的职场选择经历绝不是个例，完全能够代表当代大学生毕业时的职业选择状态。比如，我毕业时有很多同学受父母影响，想尽一切办法报考公务员，这些同学当时曾表示“无论什么工作都比不上事业单位的铁饭碗”，只要能够进入事业单位，未来一定衣食无忧。还有一批同学比较关注岗位待遇，在选择职业时以待遇条件为基准，这些同学的主要选择目标是专业对口的大型企业、知名企业，但对个人成长规划并没有太多思考。除此之外，还有一些同学比较关注行业的发展，我印象最深的是2004年房地产行业方兴未艾，即便是万科这种公司当时也是门可罗雀，应聘者寥寥。但也有一些同学慧眼识珠，看到了房地产未来的巨大发展潜力，不惜放弃自己的专业能力，从零开始学习岗位技能。

回过头来对比这些同学的今日成就，我从中看到了巨大的差异，也越发意识到人生规划的重要性与价值。最初想尽一切办法进入事业单位的同学，真正衣食无忧、生活舒适的寥寥无几，这并不是因为事业单位不能够为其提供发展平台，只是因为他选择放弃人生规划，让自己强行适应岗位。所以大多数这类同学虽然收入稳定，但并不能在岗位上充分体现自身价值，发展自然受到限制。当然，也有一些同学已经成为一些重要部门的领导，我与之交流时发现，他们在岗位选择时更加明确，会结合自身实际情况提前规划晋升路径，之后凭借自己的努力一步步走到了今天。

而最初选择优厚待遇的同学发生的变化最小，依然在一些知名企业从事基础工作。虽然拥有丰富的经验，或成长为部门主管，但他们的生活境遇与最初毕业时没有太大差异。我不由感叹，当我们因为一时利益而忽视未来成长时，往往只能获得这样的结局。

发生变化最大的当属最初进入房地产行业的同学，这些同学在入行几年后发生了巨大变化。其中还有一位同学凭借自己个人的交际能力从一名普通销售员成长为销售经理，之后又升级为高层管理人员，如今已经是一家房地产企业的合伙人之一。

我们这一代人进入社会时的职业选择方式依然在延续，如今的大学生毕业后，似乎也会分为相同群体。我分享这一观点不是为了证明哪一个群体发展得更好，而是希望更多人清楚我们需要学会用正确的方式规划职业方向。

说起来，做职业规划也像买股票，众星捧月的时候可能正是最高点，无人问津的时候可能恰是抄底良机。挤破脑袋都想进去的行业也许火不过十年，少有关注的行业可能正在等待慧眼识珠的英才。所以，职业规划不是简单的计划而已，更需要对国家战略和行业发展更长远的思考。这恰恰是普通人最缺乏的。

总体而言，我认为确定职业方向是一个长远的、终生的目标，虽然过程中或许会发生变动，但在最初选择时不能只关注眼前。年轻人需要在职业规划时打开思维，真正思考每一个行业的发展趋势、发展潜力，如此我们就能够预估自己未来的职业状态与职场变化，进而逐渐看清未来，做出最利于自己成长发展的职业选择。如果我们缺乏人生规划的态度与思维，或许在20~30岁阶段还不会有太深的感触，但30岁之后便会感觉到各种人生瓶颈，意识到自己正在与岗位、与社会主流群体脱节，开始经历中年危机，最终进入随波逐流、前路迷茫的人生境地。

晋升路径是需要规划的

通过人生规划选择正确的职业方向只是定位人生的开端，未来的晋升路径才是人生规划的重点。其实我们不难发现，很多人步入社会时获得了较高的起点，但随着时间的推移，这些人逐渐变得平庸，被其他人超越。这正是晋升路径缺乏规划的表现。

每当有人让我分享职场晋升经验时，我总会与他们分享一段往事。进入金融行业后，我与北大要好的同学小聚过一次。当时有位同学在饭桌上咨询了我这样一个问题："你当时是如何知道韩国首尔大学有进修机遇的？为什么我们都不知道？快说出来分享一下。"我当时回答道："其实在进入北大时我就开始关注一些去国外进修的机会，因为我当时的人生规划不只局限在北大毕业之上，我更希望北大成为我人生进阶的一个阶梯，让我的人生高度能够不断提升。所以我早早就设定了留学规划，有了这一目标后我会不自觉地寻找、关注一切北大提供的留学信息，并在欧美日韩各大名校之间，根据自身的优势和情况做出了申请首尔大学的决定，并最终抓住了这次机会。"

通过分享这段过往，我们可以更好地认识到，职业晋升和人生进阶并非自然而然就会顺利发展。我们需要有意识地制定规划并将其付诸实践。当我们具备了这种规划意识，我们就能够沿着自己规划的方向，主动捕捉各种机会。反之，如果我们缺乏这种意识，那么我们对眼前的一切信息都可能视而不见，从而导致各种机遇流失、浪费，甚至错失晋升的机会。

可以说，我的每一次成功和把握住的每一次机遇都源于这种思维方式。比如，当我在国贸大厦的办公室中写下"教育加金融"五个字之后，我就开始沿着这一方向思考各种进步的可能。当时我并没有想过自己能成为小有名气的财经博主，也没有想过收获上百万粉丝，更没有想过到香港成立自己的投资公司。正是我确定了正确的方向，并努力挖掘相关的资源，发挥优势，补足短板，才有了今天的种种收获。就如同旅行，明确了目的地，研究了攻略，知道了需要做哪些准备，带哪些装备，你才能从容面对各种问题，安心享受沿途美景。

方向明确才有成功，没有方向都是意外。

其实，在现代职场中有一个专业理论可以解释这一晋升模式，这就是“B点思维”。B点思维是一种以终为始的思维方式，在人生规划中体现为想要达成怎样的事，就要让自己先成为怎样的人。把自己的成长与目标关联之后，我们能够发现人生就拥有了指南针，生活与工作找到了成长方向。

B点思维可以被视为一种未来视角，即站在未来的角度思考今天的行为。与B点思维对应的是A点思维，A点思维即我当下拥有什么？我的能力特长是什么？我最大的资源是什么？我当前面临的选择是什么？很多时候仅有A点思维导致我们无法看清当前一切的价值与成长方向，但增加B点思维后，我们可以明白在A点的基础上如何行动才能够达到B点，这时我们就能够更加清晰地规划出晋升路径。

不难看出，当代成功人士都具备B点思维。他们在人生目标的指引下能够坚定不移地前行，甚至颠覆曾经的自己，在新领域重新开始。有时候他们会采取迂回战略，但绝对不会背弃最终方向。或许在这个过程中花费的时间会久一点，但一定能实现自己的目标。

因此，在与朋友讨论晋升路径时，我会强调B点思维。晋升不能依靠等待，而应该主动规划和正确执行。提前为自己设定晋升的目标，然后用这一目标引领自己成长和发展，那么我们的人生就会发生巨大改变。

投资自己比存钱更重要

人生规划是一个不断提升自己、不断积累沉淀、不断实现超越的过程。因此，在这个过程中，我们一定要学会投资自己。只有懂得如何投资自己，才能够做出正确的人生规划。

我有一个同学，在毕业时就进行了明确的人生规划。他甚至规划到了每一份工作能够对自身价值产生的影响。同班同学最初进入职场的那几年，只有他的生活最光鲜，他在同学聚会上他还分享了自己的人生规划方法。他表示自己毕业时就确定了准确的目标，他发现当地一家知名的品牌企业正在筹备新项目，这一项目具有良好的发展前景，最重要的是收入颇丰。但这家企业不会招聘刚步入社会的应届生，所以他决定到另外一家同领域的小企业任职，积累这家企业所需的行业资历。一年之后，他顺利跳槽到这家品牌企业，收入直接翻倍。但他并没有打算在这家企业长期工作，而是开始思考，这家品牌企业的任职经历能够为自己增加哪些背书，自己未来又应该跳槽到哪家企业从而提升收入。就这样，他干每一份工作的时间都不会超过 2 年，他任职的公司的名气越来越大，他的收入也越来越高，最终他成了同学们羡慕的榜样。

当听到这位同学的人生规划时，我非常不解。因为在我的认知里，人生规划应该是向着固定目标不断攀升。虽然这位同学一直在升级，但我却看不到他的人生目标究竟在何处，甚至我思考不出，除了收入增加之外，他还有哪些收获。

如今，这个同学已经在家进入自主择业状态，我对这种结果并不意外。因为这个同学在职场中“跳来跳去”的过程中，虽然看似拓宽了人际关系，但很难积累值得信任的人脉，也无法获得行业内核心的宝贵资源。最重要的是，他的个人能力并没有得到增长，仅凭履历背书很难满足现代企业的发展需求，被淘汰似乎是唯一的结局。

通过这位同学的经历，我认识到了在做人生规划时，正确投资自己的重要性，也明白了投资自己的正确方法。

投资自己是指我们需要不断把握机遇提升自己的能力，积累有效的人脉，壮大自己的优势。这与以工资为方向、以收入目标的规划有所不同。因为随着我们成长与进阶，最终站在金字塔顶端的一定是能力到位的人，而不是经历丰富的人。知识不代表能力，经历不代表资历。投资自己的能力、投资自己的资源、投资自己的优势，才能够让我们获得长远的发展。

结合我个人的自我投资的经历，我认为以下几方面是自我投资的重点。

（1）投资成长与学习。能力的增长离不开成长与学习。为了顺应时代发展，我们需要不断提升自己的知识和技能，这恰恰需要我们投入更多精力去学习新知识和新技能。

（2）投资健康。保持身心健康是一种重要的自我投资。健康是人生的根本，失去健康一切都毫无意义。所以，我经常在学员进行人生规划时提醒他们要注重个人健康，不要因为年轻就忽视健康问题，定期进行体检十分必要。

（3）投资人脉。投资大师沃伦·巴菲特曾经建议年轻人："你要选择比你优秀的人为伍。当你与这些人为伍的时候，你就已经走在让自己变优秀的路上。"优质的人际关系能够为生活、事业带来全面提升。要在成长过程中不断积累、优化自己的人脉，我们会发现这将成为极其宝贵的人生资源。

（4）投资兴趣与爱好。兴趣与爱好是定位职业方向的重要参考因素，也是激活职业第二曲线的关键点，所以定期投资兴趣与爱好能够增加我们的人生选择。

总体而言，投资自己也是人生规划的一部分。通过这种方式，我们可以提升人生规划的效果，进而实现更高的人生目标。

第 3 章

自控力进阶：拿回人生主导权

什么是中年逆袭？有人说是明知不可为而为之的勇气，有人说是在逆境中抓住机遇，但我认为这种高风险的挑战不是中年人的正确选择。中年逆袭应该是在清晰规划中的正确选择，是一种不被诱惑的自控，是严于律己的一路向前和奋进不辍。

有力量的人，是自控力强的人

不止一位朋友问过我，为什么我能活得这么理性，为什么接近中年我还敢如此折腾。以前，我会回答："做人嘛，多少都有点上进心。"不过后来认真思考了这一问题，我觉得这一答案不对，因为真正让我走到今天的不是上进心，而是自控力。

每个人都有上进心，但并非每个人都能管住自己。以前我也曾在生活中随波逐流，但我发现这种随性的生活让自己逐渐失去了掌控生活的主动权，我不想自己的人生走向极端的被动，所以我告诉自己必须好好折腾一下，活出不一样的精彩。

折腾不是简单的选择，而是狠狠地管理自己，控制住自己的欲望，学会懂得"德不配位，必有灾殃"的道理，学会在生活的磨砺中壮大自我，提升能力。

其实大家从社会发展的逻辑中能够看到，无论哪朝哪代，真正的社会强者皆有一个共性，就是不去胡思乱想，时刻保持强大的自控力。

大多数人在面临多种选择时会犹豫，即便自己知道什么才是正确的选择，但在诱惑面前依然会心动。所以，我想分享一些关于自控力的心得，相信这些心得能够让大家提升自控能力，变成更有力量的人。

意志力也会传染

在提升个人自控力方面，研究成果很多。我比较推崇美国作家凯利·麦格尼格尔在《自控力》一书中提出的观点："意志力也会传染。"起初，我对这一观点并不理解，深入了解后发现这的确是事实描述，意志力的传染现象的确是影响自控力的关键。

凯利·麦格尼格尔在《自控力》一书中写道："我们的大脑会把别人的目标、信念和行为整合到自己的决策中。当我们跟别人在一起时，或者只是简单地想到他们时，在我们的脑海里，别人就会成为另一个'自我'，并且和'自我'比赛自控。反之亦然：我们的行为也影响了其他无数人，我们做的每个选择对别人来说也是一种鼓舞或诱惑。"

我把这段描述带入自控力强化的过程中，发现他人的意志力很容易传染到自己身上，而且这种意志力分为正负两个方面。举一个简单例子，我曾经要求自己保持健康生活，因此决定纠正熬夜的坏习惯。最初的一段时间，我能够有效控制自己。但有一次，我在晚上去参加朋友的一次聚会，饭前我明确声明自己当晚要尽早回家，但饭后在轻松愉悦的氛围中，我还是往后拖延了2个小时。在这个过程中，朋友们并没有对我提出任何阻拦，只不过在一个完全放松的环境中，懒散的意识迅速传染，我的自控力严重下降了。

同样地，我也感受到过正向意志力的传染。同样是在健康生活习惯养成的过程中，我有幸在一次晨练中认识了一位朋友，我们相约有时间的时候一起晨练。在这位朋友的影响下，我迅速养成了晨练的习惯，甚至不会因恶劣天气而爽约。

看清了这一原理后，我开始意识到自控力强化环境的重要性。一个良好的环境能够让自己强化自控力的行动，取得1+1>2的效果。

此外，还有一个“密友五人”定律。这一定律是指，我们的认知水平往往受相交最密切的五个人的影响。对此我也展开了认真思考，发现这一定律的确有效，而且不仅限于认知水平。我的自控力也受到“密友五人”定律的影响。

在与好友的相处中，我的潜意识会让自己融入这些好友的生活方式，甚至模仿他们的言行。比如，我一直有熬夜的习惯，在很长的一段时间内都无法纠正。这正是因为身边的好友都有熬夜的习惯，他们会在深夜与我讨论各种话题，很多时候就是在这些话题讨论中，我发现自己始终无法养成早睡的习惯。

其实，在这个过程中我也会意识到自己晚睡的问题，但很难管住自己的行为。因为我的潜意识认为我属于这个晚睡的群体。这些话题吸引着我，即便立刻终止沟通，我躺到床上依然睡不着。

分享“意志力会传染”的观点是为了让大家清楚地认识到，我们身边越亲近、越紧密的人对我们自控力的影响越大。生活环境能够决定我们自控力强化的效果。不过“意志力会传染”并非只带来自控力弱化的效果，如果我们身边多一些自控力强大的高效能朋友，我们的自控力也会迅速提升。

另外，我再与大家分享一个个人总结的自控力提升技巧。我们可以把自控力提升的目标明确地摆在自己的眼前，通过视觉、语言等方式暗示自己在完成相应任务时及时进行自我鼓励。我发现这些简单的方法十分有效，尤其在自控力提升后的喜悦之情中，我能够获得充足的信心来有效调整自身情绪并提升自控力强化效果。

面对诱惑，如何抵挡才正确

除了自身的意志力与思想外，影响自控力的主要因素就是外部干扰。比如，我前面提到的环境影响、“密友五人”定律都是外部干扰因素。我能够理解，大多数人无法轻易改变自己的生活环境，毕竟一个人很难构建完全符合自己需求的生活环境，但这并不代表我们无法强化自控力。通过抵挡诱惑的方法同样可以获得自控力进阶，顺利拿回人生主导权。

明尼苏达大学卡尔森管理学院的自我控制专家凯瑟琳·沃斯通过研究发现，“自我活动依赖于一种共同的资源，类似于能量或力量。”凯瑟琳·沃斯表示我们的自控力是一种能量，这种能量会被消耗，使用次数越多，能量消耗越快。当这种能量被消耗完时，我们就无法再进行理智自控，更多偏重感性选择。当然这种能量也会通过休息等方式恢复，并可以通过自控力锻炼得以提升。

按照凯瑟琳·沃斯的能量理论，在日常生活中我们需要规避一些自控力能量的浪费，把更多自控力用在关键时刻，帮助自己养成良好的自控习惯。由于自控力能量有限，所以我们无法同时养成多个良好的生活习惯。

比如，我曾要求自己每日早睡早起、坚持晨练、生活中少吃甜食。但是制订了这个计划后我发现很难保持一整天的自控。对比凯瑟琳·沃斯的能量理论后，我意识到少吃甜食这一习惯每天会消耗大量自控力，因为生活中甜食的诱惑无处不在。当自己的自控力能量消耗殆尽时，其他习惯则很难顺利养成。在后续的日子里，我去掉了少吃甜食的要求，果然早睡早起、坚持晨练的习惯就顺利养成了。

在对抗各种不良习惯的诱惑时，我同样总结了一些技巧，现在把这些技巧分享给大家，相信能够对各位朋友带来帮助。

1. 面对诱惑时第一时间思考后果

面对诱惑时，大多数人产生的第一意识是放纵自己，跟随欲望。这时如果我们不控制这种欲望，它就会不断放大，加速消耗自控力能量。针对这种情况，我们可以在面对诱惑的第一时间思考跟随欲望的后果，这时脑海中会产生愧疚等负面感受，有了这些负面意识的激励，我们就不会再轻易向欲望臣服。

比如，当我们面对甜食诱惑时想一想自己的身材，想一想自己的血糖，我们会发现甜食似乎不再那么诱人了。

2.努力与诱惑源保持距离

在正常情况下，我们能够轻松抵御一次诱惑，但当相同诱惑不断出现在我们眼前时，自制力能量则会迅速消耗，以致无法自控。

这里我们可以用一句网络流行的名言解释——“没有什么事是一顿烧烤解决不了的，如果有，那就两顿”。诱惑对我们产生的吸引力也是如此，如果一次诱惑不了，那就两次，直至我们丧失自控力。

所以，想要避免自控力能量的日常浪费，我们在生活中就要与诱惑源保持距离。这一技巧也是我个人的经验所得，为了养成早睡的习惯，我几乎不参与晚间聚会，在晚上直播回家之后也尽快让自己进入入睡准备阶段，这才得以早睡早起。

3.适当的日常惩罚

惩罚是抵御诱惑的有效方式。在很长一段时间内我没有意识到日常自我惩罚的重要性，当自己无法抵御诱惑时，只是进行简单的自我批评与告诫，直到一位心理学家告诉我，惩罚对强化自身行为十分有效。他讲到心理学当中有一种“负强化条件反射”，这是一种由惩罚产生的人体条件反射。比如，我们可以在手腕上佩戴一根橡皮筋，当自己无法自控时可以用橡皮筋进行简单的惩罚，久而久之我们的大脑就会与手腕的疼痛感产生紧密联系，当诱惑出现时大脑会第一时间出现对疼痛的恐惧，这种条件反射能够有效提升自控效果。

4.保持充足的休息

我们每天的自控力能量是有限的，消耗之后需要及时补充，补充的方法则是保持充足的休息，让自己保持饱满的精神状态。相信大家会发现，相比其他生活习惯，纠正熬夜习惯更为困难，这正是因为当自控力能量消耗完之后，熬夜又导致这种能量无法及时补充，进而导致生活状态陷入恶性循环，不良生活习惯自然难以纠正。

在这里我与大家分享一个小技巧：充足的休息不仅仅指睡眠，日常生活中的小憩、静坐都有助于自控力能量的恢复。比如，当我们感觉自控力不足，无法正确选择时，可以试着闭上眼睛，让思想放空，或者进行一段简短的散步，之后我们会发现自己的选择就能够偏向理性了。

5.制订充实的生活计划

对抗诱惑的方式除了远离诱惑源之外，还可以让自己“忙起来”。为自己制订一个充实的生活计划，在保证充足的体力与精力的前提下，尽量让自己保持忙碌状态，在这种生活状态下我们会发现自己没有精力再关注诱惑，逐渐养成良好的生活、工作习惯。

另外，我还建议各位朋友在制订生活计划的同时记录自己的自控力成长，每天总结自己抵抗诱惑的次数、时间与事件，这些成功的经历能够带来成就感，并激励自己继续保持。

如何给自己正确的暗示和反馈

在诱惑面前说服自己不是一件容易的事，尤其是在自控力能量所剩无几时，我们很容易产生放松的想法。有一段时间我要求自己改掉睡前看手机的生活习惯，于是我便把一些书籍放在床头。可当我靠在床上拿起书时，却发现自己很难看下去，大脑中产生的思想主要是“太累了，休息一会吧，看会儿视频吧”。然后就又拿起了手机。

最初的一段时间，我认为是每天晚上时自控力的能量已经耗尽了，所以无法养成好习惯。但有一次我白天休息，到晚上时依然不愿意拿起书本，我才发现问题还是出在自己的意识之上。经过短暂的思考，我认识到自从我把这些书放到床头之后，在日常生活中我不断暗示自己远离书本，所以在潜意识中拒绝养成这一习惯。比如，在日常工作中我遇到一些朋友在看书，我会主动避开，因为靠近之后内心会产生羞愧感，这种潜意识的行为让我不断远离正确的选择。

后来，我与一位心理学家分享了这段经历，他认为这是最常见的心理现象。从心理学上讲，这种心理是一种被主观意识肯定的假设——当我们的主观意识肯定一种思维时，心理上便不断趋向这一思维。心理学家巴甫洛夫曾说过："暗示是人类最简单、最典型的条件反射。"

这位心理学家还与我分享了一些有效的改善方法。他告诉我，心理暗示的影响分为两个方面，我在生活中不断暗示自己远离书本属于负面影响，如果生活中能够多一些相反的正向暗示，自控力便能得到有效提升。随后，他还与我分享了几个简单的方法。

1. 语言暗示

要想改变一个人的主观意识或潜意识，语言暗示是一种直接有效的方法。正如这位心理学家所说，如果我可以每天多提醒自己晚上需要放下手机，拿起书，一段时间过后我会将其视为重要的生活事项，在接触书本时也不再产生逃离与拒绝感。

所以，在自己面对某一件事没有充足的自控力时，我建议大家在这之前多进行语言暗示，告诉自己可以做出正确选择，然后就会发现内心对这件事产生的恐惧感、厌恶感、逃离感、拒绝感会有效降低。

2. 行为暗示

行为暗示表现为肢体动作产生的心理暗示。以前我从未意识到行为能够自己产生暗示，直到这位心理学家指出人的行为能够反映心理，同时也能够影响心理，我才发现在自己拒绝睡前阅读的那段时间里，我的确在行为上主动远离了书本。

行为暗示的方法和语言暗示类似，就是从行为上让自己主动接近正确选择，让身体靠近、体验正确选择。我调整了放在床头的书籍，把金融专业的书籍更换成自己比较感兴趣的哲学类书籍，并把手机放在客厅充电。少了手机的诱惑，多了自己感兴趣的书籍，我确实开始逐渐亲近书籍。这些动作的确能够让我远离诱惑，对正确选择产生亲近感。

3. 环境暗示

人类受环境影响，但同时也可以改变环境。正如我在前面分析的诱惑源、“密友五人”定律，都是环境对我们的意识、思想产生的影响。的确，我们无法全面改变外界环境，但却能够调整自己的生活环境。同样以我睡前阅读为例，我发现因为视力不好，加之床头灯光较暗，为阅读纸质书带来了阻碍。因此，我专门购买了LED的床头阅读灯，同时播放一些舒缓的轻音乐，营造出舒适的睡前阅读环境。当灯光亮起、音乐响起，我便逐渐进入阅读的状态。慢慢地我开始享受睡前阅读，放下手机也在很大程度上改善了我的睡眠情况。

承受挫败，成长都是熬出来的

成年人的生活辛劳而艰辛。虽然在生活和工作中会经历各种磨难与挫折，但大家都在努力把生活打扮得光鲜，努力让命运趋向美好。这是我们生活的真实模样，而努力成长正是让生活与命运趋好的有效方法。

这个世界上那些令我们无比羡慕的成功者同样面对着相同的生活。可以说他们获得了多少成功，就经历过多少失败，一切成就的背后都是挫折与磨难的积累。

日本作家渡边淳一在《钝感力》中写了这样一句话："在各行各业中取得成功的人们，当然拥有才能，但在他们的才能背后，一定隐藏着有益的钝感力。"渡边淳一所指的"钝感力"，正是一个人面对挫败、磨难时的耐力，是对抗外界的毅力，是一种积极向上的人生态度，更是处世哲学和生存智慧。

我非常认同渡边淳一的这一观点，并认为这一观点是我们思维进阶的关键。对于成长、成功而言，睿智、运气、能力只不过是一种加持，真正决定结果的还是承受挫败的韧性。

有时候，我非常敬佩身边钝感力强大的朋友，这些人给我一种大智若愚的感觉，看似生活一地鸡毛，整日负重前行，但他们总能够坚定不移，把自己变成一副粗糙的样子勇往直前。任凭风吹雨打，我自岿然不动。

那些真正优秀的人，并非有多么聪明，只是他们对外界的刺激比较“迟钝”。他们褪去了对外部世界的敏感和青涩，换上了经历“摧残”之后的无畏和沉稳。

我常与朋友用一句网络名言调侃人生，这句话来自《奇葩说》：“屎壳郎的人生就是，仰望星空，低头滚粪。”说完这句话之后，大家总会相视一笑，谁的人生不是如此呢？

莎士比亚曾说过：“明智的人绝不坐下来为失败而哀号，他们一定乐观地寻找办法来加以挽救。”任何人当下的春风得意，不过是曾经无数次跌倒后又爬起来的奋力前行。如果我们长期执着于跌倒后的一身泥泞，害怕跌倒停止前行，成功只会离自己越来越远。在一生当中，我们的确无法躲避生活的磨难，但我们可以做出正确选择，强化自控力，在挫折中信心满满地走下去，这样成长与成功就可以慢慢熬出来。

付出异于常人的努力，永远都是对的

在生活中，我们难免经历各种挫折与失败。我相信经历痛苦时大家一定会想，为什么有些人能够诸事顺利、运气极佳呢？我也有过这样的想法，而且我不仅思考，还会认真观察。记得在教育行业创业时，我曾处处碰壁，总感觉自己的发展无法达到预期。为此，我曾向这一行业的多位前辈请教，得到的答案非常相似："做教育需要耐心，要不断坚持""创业哪能一帆风顺，磨一磨就好了"。当时我一度怀疑这些话不过是敷衍，于是我观察了很多同行的发展模式，结果发现事实的确如此。我们当时经历的挫折，同行也在经历，甚至成功的品牌也无法避免，不过这些企业似乎已经习惯了这种状态，并在各种挫折与失败中选择坚持。

在进入金融行业后，回头再思考这段经历时，我发现真的是自己的问题，我当时过于执着于很高的发展速度，而忽略了如何努力活下去。在后续的日子里，我通过各种学习提升思维，希望自己能够正确看待问题。在这个过程中，我了解到一个有关成长的观点：成长就是付出不亚于任何人的努力。这一观点出自稻盛和夫先生的《六项精进》，并且是稻盛和夫先生提出的"第一条"精进方法。

当时，我自视为勤奋之人，所以对这一观点存疑。努力就一定能够成功吗？当年我在教育行业创业时同样努力，最终不一样面对失败的结局？于是对稻盛和夫先生的这一观点进行了深入研究。我发现稻盛和夫先生提出的"不亚于任何人的努力"是有方向、有目的的。做出这样的努力，真的可以确保自己的付出永远有回报。

1. 为做出成果努力

大多数人的努力虽然有方向性，但缺乏目的性。比如，经常有同事对我说，他们想要成为优秀的金融理财师，但是他们并不知道怎样才能做到这一点。我能看到的是他们每天都在努力工作，但这些工作并不能有效地提升他们的金融投资和理财能力，所以这样的努力并没有实质意义。

回想起自己在教育行业创业的经历，我似乎也犯了相同的错误。当时我设定的发展目标主要以业绩为标准，可业绩是教育成果带来的，不是市场范围决定的，所以我当时的努力存在相同的问题。

为了做出成果而努力是一个目标性明确的状态。生活、工作、成长、成功需要有明确的标准、明确的目标，努力才能够带来实质改变。在这一模式下，努力才会真正有结果，努力才变得更有意义。

2. 做有意义的努力

不得不承认，我们都有阴暗的一面，尤其是在竞争、对抗中，这种阴暗面能够充分凸显出来。举一个简单的例子，如果我们与他人对抗，这时对努力的思考会呈现两个方面：一是努力提升自己超越对方；二是努力为对方设置障碍，使之无法与我们对抗。

从结果的角度分析，为对方设置障碍的确能够增加我们获胜的概率。但从竞争的本质出发，为对方设置障碍对于提升自己并无益处，甚至会引发对方的反击，降低自己的努力成果。

我承认，现代社会竞争激烈，很多事情的确“以成败论英雄”，甚至“以成败决定命运”，但我们想要获得长久成长并达到最终目标，就需要把精力放在有意义的努力之上。我建议，竞争中的努力还可以分为两个方面：一是努力提升自己，二是努力保护自己。做好这两个方面的努力，才能够获得成长的结果。

英国知名作家詹姆斯·艾伦曾说过：“心灵肮脏的人因畏惧失败而不敢涉足的领域，心灵纯粹之人却若无其事、坦然大步地迈入并轻易取得胜利。”所以我们需要用长远的眼光看待努力，阴暗的努力的确能够帮助我们一时获胜，但最终比拼的一定是自身实力和有意义的努力成果。

3.做更高的努力

相信大家都领略过社会竞争的残酷，尤其是行业内的“内卷”，时常让我们感觉压力巨大。的确，这个世界上的所有人都在努力，如果我们放松下来，瞬间便会被他人超越。所以想要成长、成功，就需要做出更高的努力。

做更高的努力其实有一个定律，这就是超过行业平均标准的努力。以金融行业为例，如果该行业某一投资项目的平均回报率为20%，那么我们努力的方向就是22%、25%，这不仅仅是为了提升自身竞争力，更为提升自身实力。做出这样的努力，行动才能获得预期成果。

4. 全力以赴地努力

我们很难衡量他人的努力标准，所以“不亚于任何人的努力”很难有具体界限。不过我们可以控制自己的努力限度，做全力以赴的努力，这也是“不亚于任何人”的作为。

可能出于职业习惯，我习惯用具体数字与朋友分享这一观点。我经常提出这样一个假设。假设我们公司的能力值为80，竞争对手的能力值为100，这时如果我们能够全力以赴，甚至付出120%的努力，那么我们努力结果的得分就保持在80（80×100%）分到96（80×120%）分之间。如果竞争对手因轻视我们的能力而只付出80%的努力，那么我们就有机会击败对方。

在现实生活中，我不止一次通过这种信念、这种方式击败过实力强大的竞争对手，所以我对这一观点深信不疑。

很少有人时刻保持全力以赴，大多数人在生活与工作中都有所保留，我知道这是因为“躺平思维”的影响，但我仍然想让更多人了解全力以赴的重要性。无论我们处于哪一人生阶段和哪一生活状态，全力以赴都能够让我们发生巨大改变。

美国西雅图有一位牧师名为戴尔·泰勒，他曾讲过这样一个故事。在一次授课中，他向听课的孩子提出，如果谁能背下《圣经·马太福音》中第五章到第七章的全部内容，我就邀请他到西雅图的“太空针”高塔餐厅参加免费的聚餐会。《圣经·马太福音》中第五章到第七章的全部内容有几万字，对于成年人而言都有极大的背诵难度。但几天后，一位11岁的小男孩找到戴尔·泰勒，一字不错地背诵了《圣经·马太福音》中第五章到第七章的全部内容。泰勒牧师十分惊讶，为何这名男孩的记忆力如此惊人，男孩对此的回答是："我全力以赴。"后来这位男孩凭借全力以赴的性格创造了全球最大的IT公司。这位男孩就是比尔·盖茨。

学会跟自己和解，拒绝精神内耗

成年人的崩溃并不可怕，真正可怕的是崩溃后的沉沦。我曾体会过崩溃后的痛苦，那种长期的精神内耗很容易让自己一蹶不振。

我在这里分享一个朋友的亲身经历。这个朋友与我相识较早，是当年一起进入金融行业打拼的伙伴。他十分有魄力，做事喜欢大刀阔斧，有时候我还在思考摸索阶段时，他已经开始大张旗鼓地行动了。多年来，他的财富积累越来越多，投资的风险偏好也越来越高。新冠疫情三年，资本市场大起大落，他的项目大幅亏损。几年下来，他十余年的积累都付诸东流。他最终崩溃了，差点走上自杀的道路。后来，在其家人的安慰下，他才放弃了冲动的想法。为了还债，他卖掉了房子与车子，逃离一线城市回到老家与妻子做起了小买卖。

我与其他几个朋友一起找到他，想帮一帮他，以后一起发展，我深知以他的实力绝对可以东山再起。但他的态度让我无奈，他表示，以后不会再进入资本市场，现在的生活虽然辛苦，但很踏实。我本想继续劝慰他，但最终无奈放弃。

我相信很多朋友都有过类似的经历，经历过一次惨痛的失败后，会对类似情况长期充满恐惧，进而选择逃离，甚至因此放弃人生的正确选择。对于这种情况，我想说，一定要学会与自己和解，终止精神内耗，否则等待我们的只有躺平、沉沦。

有一位阿拉伯心理学家做过这样一个实验。他把两只小羊放在不同的环境中饲养，一只小羊放在草原上，另外一只则被关在栅栏里，而且栅栏外还拴着一只狼。一段时间过后，草原上的小羊茁壮健康，而栅栏里的小羊却死了。虽然狼没有直接伤害这只小羊，但它每天都担心被狼攻击，所以内心极度恐惧，无心进食，最终因焦虑过度而死亡。

这个实验恰恰证明了精神内耗的危害。如果我们长期对某件事感到恐惧，则无论我们选择怎样的方式逃避，都会对生活造成影响。所以，与其说崩溃之后的沉沦可怕，不如说长期的精神内耗更可怕。想要成长，就需要学会与自己和解，正确面对失败与挫折。作为一个经历过诸多失败，又一次次挺过来的人，我总结了一些拒绝精神内耗的方法，现在分享给大家。

1.不要在意他人的看法

很多时候，成年人的恐惧来自于他人的看法，因为担心被轻视或嘲笑，很多人选择逃避自己的缺点与失败。其实我们都明白，生活与工作不过是自我取悦的过程，发生在我们身上99%的事情都与他人无关，他人的看法只会影响自己的判断。因此，我们不要因为他人的看法而长期处于精神内耗的状态，才能离成功更近一步。

2.避免过度思考

失败带给我们最大的收获是正确的自我认知和客观的自我评价，但这不意味着我们可以过度思考。一旦养成过度思考的习惯，就很容易放大我们的恐惧，进而影响正确判断。

以我上面提到的朋友为例，因为经历了从腰缠万贯到一无所有的转变，所以他对自己擅长的事产生了恐惧。他应该惧怕的不过是自己缺乏风险意识，但过度思考让他把这种恐惧放大为家庭破裂、生活困苦等问题，最终选择了另外一种生活方式。我尊重朋友的选择，但并不认同这种方式。我有过从创业失败到重新起航的经历，深知只有战胜这种恐惧、直面失败并找到真正的问题，才能实现最初的理想。或许他此刻已经放弃了最初的理想。

3.学会原谅自己

学会原谅自己是停止精神内耗、战胜恐惧的关键。但是，学会原谅自己不是知错不改，正确的原谅方式是接纳自己的缺点，并进行弥补和完善。当我们原谅自己之后，就会发现自己完全有能力重新开始。

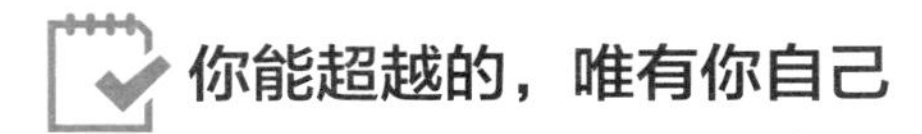

你能超越的，唯有你自己

人生百味，我们总会尝尽酸甜苦辣。无论我们此时是三十而立，还是四十不惑，都会经历一些挫折与失败，不同的是随着时间的推移，我们能够更加坦然地面对。很多人认为，因为中年之后我们变得更加成熟了，所以对待失败与挫折的态度会更坦然。其实，这与成熟无关，不过是更多的生活阅历让自己懂得了如何选择。

有些人在经受失败时会想，我需要哪些帮助，我应该如何借助他人的力量战胜困难。合理利用身边的资源的确是有效的人生进阶方法，但我们真正需要思考的还是如何提升自己。因为外界的一切都不属于自己，依赖外界因素只会为个人成功设限，当这些因素出现变动时，人生进阶则会受到影响。

我们需要超越的只有自己，我们能够超越的也只有自己。

对于成年人而言，超越自己并不简单，因为我们的生活较为固定，很难有颠覆自己的机会。但这并不代表我们无法实现自我超越，大家可以从以下三方面尝试，从而成为更好的自己。

1. 从应付生活转变为享受生活

成年人的生活很难调整到完美状态，但我们能够调整自己的心态。如果我们选择应付生活，那么生活中的挫折、磨难只会让我们变得麻木，在这个过程中个人不会得到成长。但如果我们学会享受生活，把挫折与失败视为人生积累，从完善自己的角度出发，我们的思维就能够进阶，我们的人生就能够更美好。

2. 学会倾听自己的心声

成年人在职场中会接受各种指令，这些指令大多来自客户、领导。为了工作与生活我们不得不选择遵从，但我不希望大家变成一个忘记初心的执行者。每天给自己一点时间，试着倾听自己的心声，保持最初的渴望与理想，我们就能够明白如何超越自己，如何在各种指令中完善自己。

3. 学会忍耐落寞

我们是否经历过这样的状态：每天勤勤恳恳工作，生活也十分努力，但始终无法抓住良好的机遇。看着身边人都在成长，只有自己在原地踏步，于是开始怀疑自己，产生自卑、自怨自艾的情绪。

人生发展难免遇到瓶颈，突破瓶颈往往需要深厚的积淀。从哲学的角度来分析，人生成长就是从量的积累到质的飞跃，成功也是如此。不要因为一时落寞丧失信心，迷失自我。我们需要做的只是比昨天的自己好一点。

第 4 章

学习进阶：懂得为自己的热爱买单

思维进阶的目的可以视为认知进阶，因为我们的一生都在为认知买单，认知高度决定人生高度。所以，当我们想尽一切方法提高自己的认知时，学习是最好的方式之一。

我发现很多人成年后不愿意为学习再花费精力与财力，逃离校园之后只想自由自在地生活。我想说，认知学习与知识学习完全不同，认知学习能够开阔视野、升级思维、促进成长，会让进阶成为一种习惯。重视学习，尤其在自己热爱的领域，努力付出，我们会看到成倍的回报。

学习能力强的人，总能找到转机

李小龙曾说过：“我不怕会一万招的对手，只怕对手把一招练一万遍。”

我时常与朋友说，我们无须对当下的平庸和瓶颈感到恐惧，唯一应该害怕的是放弃自我提升和学习进阶的机会，如此就等于放弃了个人的成长。

费曼学习法

费曼学习法是著名诺贝尔物理学家理查德·费曼提出的一种学习方法。这种学习方法已经在全球流行了数十年，并被誉为人类历史上最强的学习方法之一。作为一名充分享受学习红利，依靠自己的学习能力成功实现人生进阶的人，我知道费曼学习法的概念较晚，但了解到这种学习方法之后我才发现，原来自己的学习方式与费曼学习法不谋而合，且多年来得力于这种学习方法的帮助，我才能有今日的成就。

在讲解何为费曼学习法之前，我先与大家分享一些个人成长过程中的学习经历，相信通过这些经历大家可以更加深刻地了解费曼学习法的精髓。

从小学时期，我就养成了一种独特的学习习惯。每当我遇到难以理解的学习知识时，我总会思考如果我是老师，我应该如何向同学们讲解这一知识，我也会尝试像老师一样讲出来。通过这种学习角度的换位，我发现很多难以理解的知识会变得更加清晰，我也能够更加熟练地掌握这些知识。

后来我开始将这种学习方法延伸到考试中。每一次考试时我都会把自己当作出题人，思考出题的目的，最后思考出每一道题对应的知识点，让自己的解题思路更加清晰。

初中之后，我已经能够运用这种学习方法自学很多内容，于是我便开始大胆尝试，自己购买了一本日语书，进行基本的日语学习。虽然只是出于兴趣爱好，但我发现利用这种学习方法学习起来非常轻松，即便那个年代没有互联网学习资源，也没有专业老师指导，但我依然能够通过不同角色的扮演，提升学习效果。上大学后，我发现我自学的日语水平并不逊色于日语专业的同学，由此我更加肯定这种学习方法的有效性。

可以说，多年来我一直使用着这种学习方法，我对其最深切的体会是，它能够在我对一件事、一种知识处于一知半解的状态时迅速提升我的理解速度，让我能够更快地掌握事情的本质或者知识的关键点。

当前，大多数学生的学习方式主要为熟能生巧。每当遇到不易理解的知识时，他们只会从单一的学习角度反复学习，直到把这种知识背得滚瓜烂熟，以此逐渐加深对知识点的理解。对比我惯用的这种学习方法，他们的学习方法无论是在效率上还是效果上都存在较大的差距。

事实上，我们在学习过程中经常会遇到这样的情况：我们似乎已经掌握了某些知识，但真正运用时却并不太顺畅，这就是一知半解的表现。这往往会导致学习效果不佳或难以持续。但运用转变角色的学习方法后，我们就能够发现，如果自己可以把这种知识用自己的话正确、清楚地表达给其他人听，这就代表我们对这一知识的逻辑、关键点已经掌握得十分通透，而这种学习方法正是费曼学习法。

前些天我遇到一位教育行业的好友，他目前已经是中小学教育行业的知名教育家，教育成果十分突出。在与他的沟通中我了解到，他正在打造一套在脱离老师的前提下，提升班级学生整体学习效果的教育系统。目前，他已经在多所学校展开了实验，效果明显。实验具体内容为：他会请中小学班级中学习成绩优异的学生帮助班级内学习成绩良好的学生，然后请学习成绩良好的学生帮助学习成绩一般的学生，以此类推，而最后学习成绩较差的学生要向学习成绩优秀的学生分享自己的学习经验。通过这种方式，在没有老师的帮助下，两周过后班级学生的整体学习效果有了大幅提升。很多老师、家长为此感到惊讶，事实上这也是利用了费曼学习法。

费曼学习法的真谛就是在我们学习的过程中，梳理自己的知识，并将受教者的身份转化为教育者，然后用清晰、简洁的语言表达所学内容。这样可以让我们对知识的理解更加深刻、更加全面。

我个人也曾通过费曼学习法受益匪浅。在我创业失败后转行进入金融行业的低谷时期，正是费曼学习法让我得以重新掌控生活。当时作为金融行业新人的我需要学习各种金融知识，同时还需要兼职授课用于偿还债务，另外我还需要考取各种金融证书来提升个人资质。在如此繁多的任务下，我正是依靠费曼学习法来进行自我调节的。

比如，我把学习到的金融知识做成课程去讲，加深了我对知识的理解，提升了我的学习效果，而学习效果提升之后又能够帮助我考取相关证书。每天我把学习和工作融为一体，让自己的生活更加充实，也全方位提升了自己的成长速度。

下面，我就与大家一起详细梳理下，让我一生受益的费曼学习法应该如何使用。费曼学习法主要分为四步。

1. 假设自己要把某种知识传授给他人

在学习某种知识之前，我们可以尝试拿出一张白纸，写下学习的主题。然后假设自己要把这种知识传授给他人，对象一定要设定为知识量比自己低的孩子或朋友。

在分享知识的过程中，我们的思维逻辑会发生变化。这时我们会自觉地寻找知识的关键点，然后把关键点串联起来，以便更好地把知识内容讲清楚。

之所以把传授对象设定为比自己知识量低的人，是因为我们需要用简单、明了的词汇阐述知识。在这个过程中，我们会把知识进行提炼，从而抓住知识的重点。

进入这种学习状态后，我们就可以更好地理解和掌握那些以往难以理解和学习的知识点。

2. 定位学习难点并进行深入学习

在第一步中，我们难免会遇到自己无法理解、无法解释的知识点，或者无法把知识点以正确的逻辑串联起来。这种情况十分正常，因为学习过程中会遇到很多新的知识点，只有了解了这些关键点，我们才能够展开针对性的学习并把握住它们。

3. 简化表达

完成第二步之后，知识内容往往会变得较为复杂，这时我们需要通过整理语言，将知识内容进行一次简化。在这个过程中，我们可以理清知识点的逻辑，并加深自己对知识的理解。

4. 知识分享

费曼学习法的最后一步是知识分享，即将我们学习、总结和归纳的知识点分享给知识量低于我们的孩子或朋友，然后通过对方的反馈了解自己的学习效果。如果对方无法及时了解知识内容，则说明我们的学习效果存在问题。在这一过程中，我们可以养成良好的学习习惯，并通过不断分享加深记忆。

看到这里大家估计也就能理解为什么我自己最常用的学习方法是费曼学习法了。作为一名专业讲师，我学习的绝大部分内容都是需要向别人分享的。而当我以讲给别人听为目标，而不是以自己掌握为目标时，理解的深度和熟练程度就会大大加强。

我认为费曼学习法其实是一个分解知识、把握重点、归纳总结、复述加深的过程。它能够让知识以最直观的方式进入大脑，并将学习问题和学习难点展现出来。这种学习方法适用于各个行业、各个人群，其效果十分显著。

如何通过抓本质，成为所在领域的专家

电影《教父》里有一句经典的台词：“花半秒钟就看透事物本质的人，和花一辈子都看不清事物本质的人，注定是截然不同的命运。”这是我非常喜欢的一句台词，尤其是站在学习进阶的角度来分析，这句话直接道出了成功者与平庸者的最大区别。

在经历了大起大落之后，如今我的事业略有所得。时常有人问我是如何逆袭成功的，我每次都会回答：“我只不过享受了学习能力的红利。”

如果没有充足的学习能力，我根本无法顺利转行，更不能在新赛道再次崭露头角。正是因为拥有良好的学习能力，所以我得以把握很多事物的核心本质，找到决定结果的关键点，进而在更短的时间内获取更多的收获。

我从这种学习感悟中总结了一句话：良好的学习能力能够帮助我们抓住事物本质，进而成为领域专家。或许有些朋友还不明白其中的含义，下面我与大家分享一个家人的案例，供大家进行思考。

我的儿子从小就十分喜欢唱歌，我与家人十分尊重他的爱好，所以聘请了专业的声乐老师进行授课。虽然孩子的嗓音条件不错，但在学习过程中遇到了这样一个问题：孩子唱歌时喜欢用假声，对自己的真声运用不足。对此，孩子的声乐老师解释说，孩子太小，声带发育不完全，所以习惯性使用假声歌唱。只有等到声带发育成熟后，这种习惯才能够彻底纠正。

听了老师的专业解释后，我和家人也没再深究。但三四年时间过去了，孩子唱歌时用假声发音的习惯越来越严重，我和家人才意识到问题的严重性。于是我们又聘请了另外一位声乐老师解决这一问题。这位老师了解了孩子的情况后，提出了不同的见解。这位老师说道：“孩子的声带没问题，只是腹部力量不足，在很多歌唱细节处不能够支撑他的声带发声，加之孩子怕破音，所以不能够完全放开声带。”为了让孩子体会真声唱歌的感觉，老师创造性地让孩子弯下上半身，让腹部肌肉紧张起来，再次发声。神奇的是，孩子从嘤嘤之声变得声如洪钟，当第一次发出洪亮的声音时，孩子自己也感到兴奋。后面老师建议要继续增强孩子的体能锻炼，通过仰卧起坐、平板支撑等方法加强孩子的腹部力量。困扰我们多年的发声问题解决了。

这两位声乐老师都属于行业资深人士，相关声乐知识十分丰富。但两位老师解决问题的方式完全不同，第一位老师只能够了解到孩子习惯用假音是声带问题，但并没有深入分析声带无法正确发声的本质。而第二位老师则直接抓住了本质，从而解决了前者三四年都无法解决的问题，并且立竿见影。

由此可见，抓住事物本质才能够成为领域专家。如果我们只是单纯的知识量丰富，就只会对各种问题泛泛而谈，那么我们只能成为人云亦云的传声筒。

很多时候，抓住事物本质就能够让困扰已久的问题迎刃而解，并且达到事半功倍的效果。这是突破平庸、迅速进阶的关键所在。

在多年的学习提升过程中，我不仅学会了熟练运用费曼学习法提升学习效率，还形成了一种独特的学习思维。我从来不会把大量时间花费在解决各种常见问题之上，而会透过这些问题思考其本质。如果能够找到问题的本质，那么我就可以在极短的时间内解决大量问题。如果无法及时找到问题的本质，我则会寻求帮助，或去学习，往往会在大量积累之后突然灵光乍现，发现本质。前面的所有的积累都是为了灵光乍现的一瞬。

即便是对于小朋友来说，这样的方法同样管用。刚上小学时，我的儿子对英语单词拼写极不擅长，经常出错。但我发现其实他能说出单词，只是拼写容易犯错。而英语单词的本质其实是音形相似，细节略有差异。所以我让他按照单词的发音，先写一遍自己想象中的单词拼写，再对照找出差异的字母，记住即可。儿子恍然大悟，此后单词拼写基本上几分钟就可以搞定，再无困扰。

除了抓本质的能力，分析能力也同样重要。

所谓分析能力，是指及时找到问题的根本原因的能力，这一过程恰恰是抓住事物本质的过程。比如，今天我们的工作效果不好，而我们可以瞬间找出七八种导致工作效果不佳的原因，如身体不舒服、心情不好或粗心大意等，看似每一种原因都能够导致今天的结果，但根本原因是什么很少有人思考。所以我们能够看到这样一个现状，身边很多人每天需要花费大量时间、精力解决各种突发问题，但这些问题依然层出不穷，这就是缺乏分析能力，无法从本质上解决问题的表现。

目前，关于提升分析能力的方法与工具十分丰富，比如丰田公司的“五个为什么”分析法，通过连续向自己提问五次“为什么”，从而找到问题的根本原因。再比如日本管理大师石川馨先生发明的“鱼骨图”，同样是一种发现问题“根本原因”的分析方法。通过这些方法，我们能够找到很多问题的本质，把握解决问题的关键点，进而更加有效地解决问题，提升学习效果。

提及分析能力我还想到了一个教育问题。目前中外教育存在一个巨大差异，同样体现在分析能力之上。西方国家的青少年教育非常重视培养孩子的思考能力与批判能力，而这两种能力结合后就是分析能力。而我国青少年教育则注重培养孩子的记忆力，虽然学的知识多而深，但孩子运用这些知识解决问题的能力并不理想。

除了分析能力之外，在学习过程中把握事物本质还有一个关键能力，这就是关联能力。所谓关联能力，就是将新旧知识进行关联，进而提升学习效果的一种能力。现代社会飞速发展，各种新兴知识层出不穷，如果我们不断以探索未知知识的学习方法去学习新知识，那么学习速度与学习效果很难满足时代发展需求。所以，我们就需要运用到关联能力。下面，我可以用自己的亲身经历为大家解释如何运用关联能力。

在多年的学习过程中，我在语言方面的学习效果最为突出，除了费曼学习法之外，关联能力给予了我极大的帮助。例如，我儿时开始自学日语，前面提到在没有任何老师指点的前提下，我达到了专业水平。在确定了到韩国首尔大学进修金融知识的目标后，我又开始学习韩语。这时我开始主动将韩语和日语的学习方法进行关联，之后发现两者的确存在诸多相通之处。

比如，日语与韩语中都包含大量汉语词汇，这些汉语词汇的发音与汉语本身的发音十分相似，只不过结合了日本与韩国的发音特点。了解到这一点之后，拥有日语基础的我不再从基础开始一点一滴地学习韩语，而是将日语语法与韩语语法进行关联对照，去比较其中的相同之处与不同之处，这就是关联能力的运用。通过这种方法，我学习韩语的速度比正常情况快了一倍，这也是抓住事物本质解决问题的表现。

如今，在工作过程中我同样善用关联能力。比如，我能够同时开设五六门金融课程。有些老师对此十分不解，向我请教为什么自己讲一门课程就需要花费全部精力，但我同时应对五六门课程却表现得游刃有余。我的回答是，原因非常简单，因为这些课程之间存在关联，它们的本质逻辑完全相同，不同的只是表象，我只需要基于这些课程的共性梳理其主要内容，就能够同时应对这些课程的授课需要。

总体而言，只要不断提升分析能力与关联能力，同时善用费曼学习法，我们就能够强化自己的学习能力，进而有效把握事物的本质，在解决根本问题的同时提升学习效果。这样我们便可以将各种专业知识融会贯通，成为能够及时解决各种问题的领域专家。

在现代生活中，压力与动力并存，懂得学习的人才能够扛住压力，战胜压力。世事无常，唯有内在强大才能战胜外界挑战，让自己的学习能力进阶。我们应该在顺境中保持清醒、不迷失自己，在逆境中抓住机遇，这才是健康的成长状态。

苦练自己的内功

无论是在职场拼搏还是在生活中承担重压，随着我们的成长和发展，我们一定会遇到瓶颈。这时我们会发现，无论自己多么努力、多么辛苦，都无法取得进展。久而久之，我们的上进心开始消磨，奋斗的欲望开始消失，潜意识中认为这已经是自己最好的模样，就此停滞不前。

进入这一状态后，大多数人认为不是自己不够努力，而是失去了选择权。的确，在这种状态下，我们很少能有对外部环境的选择权，但自身的选择权依然存在。我们是沉沦于此，还是寻求突破，这一选择决定了我们的最终命运。

“德不配位，必有灾殃”，而这句话的后半句正是“才不堪任，必受其累”。当我们感觉人生发展受困时，可以通过学习提升自我，进而冲破障碍。

人到中年，却暂时抛开事业和家庭，远赴异国读书，对于大多数人来说都很难做到。我理解在这样一个充满压力的年龄很难有时间彻底放空自己。我们有月月不断的房贷，有需要照顾的妻儿，还有虎视眈眈的竞争对手。但在工作间隙放空自我，给自己留下学习的时间，或者调整生活节奏，都可以实现自我提升。

管理你的精力与“带宽”

作为一个“斜杠青年”，我习惯了多线程的工作，投资分析、录课直播、运营自媒体、管理公司，还依然每年花时间考证……如何管理自己的时间和精力成了朋友们最关注的问题。

我的一位粉丝曾表达过这样的困惑：人近中年，生活压力巨大，每天都需要应对繁重的工作，根本没有时间学习、提升，这种状态下又该如何破局？我相信各位朋友都曾尝试进行时间管理，或者已经养成了良好的生活习惯。的确，在这种状态下我们很难挤出更多时间，我也不会用“时间是海绵里的水，只要硬挤就一定会有”来敷衍大家。我的经验是，想要管理好自己的时间，先要试着管理自己的精力。

其实，很多时候不是我们的时间不够用，而是精力没有管理好。现代社会生活节奏飞快，很多生活事项繁多急迫，导致我们的时间不受控。如果仅进行单纯的时间管理，我们会发现效果微乎其微。这时如果我们能够用精力管理来改变自己的生活方式，就会发现以往混乱的生活可以彻底颠覆。

精力是决定我们日常工作效率、生活状态的关键，在同样的工作面前，付出更优质的精力，我们就可以提升工作效率，创造更多价值。同理，只要我们把精力分配好，就能够获得更多可支配的时间。

我们的精力与上面提到的自控力能量相似，它存在一个定量，每天会被消耗，也会通过休息恢复。如何有效使用这些精力成了我们掌控时间的关键。

全球著名心理学家吉姆·洛尔是精力研究领域的专家。他通过研究发现，人的精力可以分为四个方面，分别是身体、情绪、思维、精神，每一种精力都对应着生活中不同方面的做事效率与效果。投入相应精力时，人们能够进入高度专注的状态，能够利用更少的时间获得更好的结果。但精力消耗之后需要适当休息，让精力及时恢复。在精力消耗与恢复的平衡状态下，人们的生活状态可以提升。

下面，我们先简单认识一下这几种精力，之后再分享如何进行有效的管理。身体精力主要体现为体能与力量。这一精力能够帮我们完成很多行为工作，这一精力的恢复主要依靠健康饮食与合理休息。情绪精力主要体现为情绪控制，投入情绪精力能够让我们保持愉悦的心情并展现出积极的情绪。这一精力主要靠睡眠、冥想等休息方式恢复。思维精力主要体现为做事的专注度。投入这种精力能够提升我们做事的效率并优化做事的方法，进而节约更多时间。这一精力主要靠大脑的合理休息恢复。精神精力主要体现为感情，如对家人的关爱和对朋友的关心。投入这种精力能够提升交际效果。这一精力主要通过放空自己和合理休息恢复。

精力管理就是把自己每天的任务全部列出来，然后合理分配自己的精力。在这个过程中，我们需要注意每种精力的合理投入，切忌过度消耗某一种精力。因为过度消耗任何一种精力都会造成严重的疲惫感，其他精力也会受到影响。精力管理的具体方法，可以按照以下几步进行。

1.根据自身精力分配时间

我们必须承认，自己的精力无法支撑全天保持专注、高效的状态。所以，我们需要每天合理分配时间与精力。首先把一天的时间划分为优质精力时间段、一般精力时间段和低质精力时间段，然后将不同的日常任务合理分配到这些时间段当中。

正常情况下，这三个阶段是连续关系，即我们的一天先从优质精力时间段开始，之后进入一般精力时间段，最后是低质精力时间段。所以，我们可以优先做重要的事，千万不要把重要的事放在每天的最后。

2.为每个时间段合理分配精力值

精力管理的重点是合理分配，所以每个时间段都需要设定一个合理的精力值。在日常精力管理过程中，最忌前期过度消耗精力。很多人习惯在优质精力时间段全力以赴，毫无保留，虽然高效地完成了每日的重要工作，但导致做其他杂事的效率降低，进而无法取得有效管理时间的效果。

精力管理最重劳逸结合，把重要事项合理分配到优质和一般精力时间段，会使每天的时间管理变得更加轻松。

3.进行阶段性精力管理

精力管理不仅仅以天为单位，也可以以阶段为单位。比如，在一天当中，上午的阶段比较适合我处理数理分析类的工作，因为此时大脑最为活跃；而在下午的阶段我则喜欢安排会议或者到棚里录课，因为这段时间精神面貌比较好。而到了夜深人静的时候则是我学习或者做文字性工作的时间，因为最容易静下心来。所以，不同性质的工作可以放在不同的精力状态下进行处理。虽然工作不断，但内容不断更换，大脑反而总有新鲜感。

一天当中如此，一周当中也同样如此。有一个阶段我每周一至周五都在金融机构上班。周五晚上飞到外地，周六日连续讲两天面授课，周日夜里再飞回北京，第二天继续上班。这种无休息的连轴转按道理应该让我筋疲力尽，但在大概两个月的时间里我却丝毫没有感到疲惫。因为周中我做的是投资分析和与数据打交道的工作，周末换到其他城市分享财经知识，与人交流。这几项工作在空间、内容和形式上都有转变，交替轮换，反而让我不觉得辛苦。

事实上，精力管理的本质就是让我们更加充分地利用时间，让时间更加有效。每个人每天都有二十四小时，不增不减，有人一天到晚刷手机却腰酸背痛，疲惫不堪；而有的人工作、学习、锻炼都不耽误，却精神抖擞，精力饱满，根本原因就是做好了精力管理。

在做好精力管理后，我们还需要做好另外一项自我管理，这就是“带宽”管理。在提升自身成长思维的过程中，我曾研读过很多相关读物，其中哈佛大学终身教授、经济学家塞德希尔·穆来纳森在《稀缺》中提到了这样一个概念——带宽。

带宽可以视为一种心智容量，它主要包括我们的认知力和执行力。在生活的各个行为当中，我们都会用到带宽，且带宽影响着我们的思维方式，影响着我们做出的选择。

塞德希尔·穆来纳森教授在书中提到，大多数人会对时间进行管理规划，但极少数人才会管理自己的带宽，正是因为我们起伏不定的认知力与自控力，才导致时间管理效率低下。

试想我们是否会出现这样一种状态，在日常生活中我们会浪费大量的“充裕”时间，某段时间或因为做事效率低，或因为拖延，进而导致我们在“稀缺”时间必须完成更多事，最终导致生活混乱。

我知道，没有研读过《稀缺》的朋友很难理解带宽的内涵，我可以将带宽做一个简单的比喻，方便大家理解。带宽可以视为时间的宽度，在同一时间内，这一宽度内能够融入不同的事情。正常情况下，同一时间我们从事一件或两件事情，则属于“充裕”带宽状态，这时我们的精力处于充沛状态，做事效率与执行力较高，时间管理效果较好，比如利用等车、坐车时间完成一项工作任务。而如果我们在同一时间内需要思考、从事多件事情，则属于“稀缺”带宽状态，这时我们的精力已经无法同时思考、关注所有事，所以做事效率低下，执行力较低。

例如，塞德希尔·穆来纳森教授在《稀缺》提到了这样一个观点：穷人永远都穷。通过研究分析可以得出，这是因为生存这件事抢占了穷人所有的带宽，在这种状态下很少有人能够实现逆袭。

再例如，如果我们的工作内容抢占了生活中大部分带宽，我们自然就没有时间陪伴孩子、孝顺父母，每天的思考也就只有如何工作。

那么，我们应该如何管理自己的带宽，进而提高自己的认知力、执行力以及做事效率呢？

管理带宽需要认知一个关键点，这就是生活中抢占带宽的主要事项。在面对新鲜事物、新领域挑战时，我们的带宽会被较大幅度抢占，即我们需要花费更多精力来应对这些事物。在面对自己擅长、熟悉的事情时，我们的带宽则不会被过度占有。比如，我的授课行为便不会抢占过多带宽，无论我的任务多么繁重，我都能够轻松应对，并预留更多精力来处理其他事情。所以，管理带宽的第一步是将抢占带宽的事物进行合理分配，确保自己不会出现“稀缺”带宽状态。通过这种方法，我们可以让自己的带宽长期处于“充裕”状态，使自己的执行力与认知力保持较高水平，这样做事效率自然随之提升，我们的成长效果当然也会不断凸显。

管理你的时间

做好了精力管理，让自己在每个时段都保持最佳的精神状态，此时就可以讨论时间管理了。

管理时间是提升做事效率和执行力的有效方法。关于时间管理的问题，问我最多的是身为管理者的朋友，因为这部分人发现，责任越大，承担的任务越多，便感觉时间越紧张，分身乏术。

我也曾有类似的体验，所以对类似的苦恼能够感同身受。我相信很多人与我一样，尝试过各种管理时间的方法，甚至不断压榨自己的休息时间，延长工作时间，但这种方法只会令自己越发疲惫，无法解决根本问题。后来，我才发现，我使用的各种方法，效果只是节约时间，并没有做到真正的时间管理。

时间管理应该是通过时间的合理调配，让每一分钟发挥最大价值；而不是简单的日程安排或节约碎片时间。在时间管理方面，我通过自己多年的成长经验，总结出几个心得，现在分享给大家。

首先，时间管理需要思考如何让时间发挥最大价值。这意味着我们要调动身边的一切资源，让其为我们的时间创造价值。其实，大多数人懂得这一道理，但并不能让时间管理达到最佳效果。比如，曾有粉丝向我诉苦，自己为了提升工作效率，把工作合理分配给助理，但助理做事的效果不好，很多时候自己还需要返工，反而更浪费时间。这是时间管理的误区，调动身边资源不仅仅是获取，也需要投入，即投入一定时间培养助理，让这些资源真正能够为自己的时间创造价值。如果缺乏这一思维，则我们永远无法学会时间管理，因为需要长期事必躬亲，而我们的时间是固定的、有限的，所以时间管理效果便出现了上限。

其次，时间管理要懂得如何放手。有些领导者向我表示，并非自己不信任身边的人，而是很多工作内容复杂且各项内容环环相扣，如果不亲自把握，则很容易影响整体效果。针对这种情况，我认为是我们不懂得如何放手的问题。无论多么复杂的工作都可以进行标准量化，管理者需要做的是把握流程中的关键节点，而不是事事亲力亲为。当我们把复杂工作标准量化之后，我们就能发现哪些工作可以放手，哪些工作需要自己紧密把控，如此便能够充分利用身边的资源，也能使时间管理更轻松。

最后，生活碎片化是现代生活的主要特点。在快节奏的生活中，我们需要把自己的精力在各种日常事务中来回切换，切换过程中就会产生碎片时间。很多人认为这些时间较为“鸡肋”，虽然存在，但我们却无法利用这些时间完成任何具体事情，所以眼睁睁看着这些时间浪费掉。事实上，碎片时间极为宝贵，它是我们与他人拉开差距、提升自我的重要资源。正如诺贝尔奖获得者雷曼所说：“每天不浪费剩余的那一点时间。即使只有五六分钟，如果利用起来，也一样可以产生很大的价值。”

我总结了以下几个碎片时间管理方法，相信这些方法能够帮助大家把碎片时间积零为整。

1.养成以分钟计算时间的习惯

浪费碎片时间的主要原因是我们不知道如何利用这些时间，因为这些时间不过几分钟、十几分钟。作家雷巴柯夫曾说过：“用分来计算时间的人，比用时计算时间的人，时间多59倍。”

看起来，我们利用这些时间的确难以完成具体事务，但只要养成以分钟计算时间的习惯，我们就会发现生活中很多琐事可以在碎片时间完成。比如，以前我上下班时喜欢坐地铁，我习惯精确地计算路程的时间，甚至会在等待地铁到站的几分钟里走到下车乘坐电梯的最佳车厢位置，这样下车时第一个走出车门，搭上电梯，会比在距离电梯较远的车厢下车，跟着长长的人流缓慢移动节省五六分钟时间。

后来我喜欢打车，我又习惯于提前预估打车等候的时间，在没有完全做好出门准备前提前叫车。这样在等待车来的过程中我可以继续完成出门准备工作。

2.学会在碎片时间里锁定固定任务

养成以分钟计算时间的习惯后，我们可以继续思索生活中哪些琐事可以用较少的时间完成。比如，1分钟可以看新闻，3分钟足够处理一封邮件，15分钟就可以看一小节视频课。将这些任务锁定到碎片时间内，我们就能够充分利用碎片时间。

3.避开拥堵时间段，延长碎片时间

生活中最常见的等待时间就是各种拥堵时间段，比如排队等车、排队就餐等。如果有条件避开这些拥堵时间，我们会发现很多碎片时间可以有效延长。

比如，在地铁上我习惯看书或者看新闻，而在打车途中我喜欢开电话会议，车辆到达目的地时，会议也正好结束。

我很少自己开车，因为开车途中无法分心做其他事情，而且停车也经常会浪费大量时间。

4.利用碎片时间思考，并记录闪念

利用碎片时间思考并记录闪念是碎片时间创造最大价值的方式之一。我在每日洗澡的时间喜欢复盘当天的工作并进行思考，当产生闪念时我会随手用手机备忘录记录下来。我发现在路上放空的时候也是闪念爆棚的时候。很多好点子都是在路上看风景中冒出来的，而不是在办公桌前想出来的。

5.杜绝拖延症，3分钟内必须行动起来

与其说碎片时间让我们患上了拖延症，不如说拖延症浪费了我们的碎片时间。我们应该告诉自己凡事3分钟内必须行动起来，这

样就会发现生活中有很多碎片时间可以利用。

数学家华罗庚说：“成功的人无一不是利用时间的能手。”与其每天用刷手机、发呆等方式打发碎片时间，不如让这些时间充分发挥作用。不要认为利用生活中的碎片时间就是在加快生活节奏，增加劳动强度。进行碎片时间管理后我们会发现，生活可以更加轻松、主动，因为我们可以拥有更多可控时间休息、使用。正如达尔文所说：“我的成就更多来自一些微不足道的时间。”

演说和写作能力是社会的硬通货

在我提升自己的过程中，我尝试从多个方面完善自己。在提升各种能力的过程中，我发现演说和写作能力是必不可少的处世与发展能力。有时候，演说和写作能力的一次小进步就能够带来巨大的胜利。

在多年的职场经历中，我发现一个规律：会做、会说、会写的人往往是人才，能够在各种场合表现得游刃有余；会做、会说但不会写的人可以做领导，能够在社会层面发展得顺风顺水；会做、会写但不会说的人适合做骨干，能够在擅长的领域体现自身价值；会做、不会说、不会写的人只能做社会劳动力，因为无论自己多么有才能，都无法充分体现出来。

其实不仅在职场中，在生活中这个规律依然奏效。这个社会的

顶级强者都具有卓越的演说和写作能力。其实，这一道理非常简单，因为成长和发展需要我们不断在陌生领域展现个人能力，获得更多人的认可。在陌生领域展现自身能力的方式不外乎语言与文字两种方式。在获得他人初步认可前，我们很少有机会用实际行动体现自身价值。

在提升个人演说和写作能力的过程中，我总结了一些技巧，分享给大家。

1. 演说能力提升技巧

我最早接触演讲是在高中。为了竞选学校的团支部书记，我把1000多字的演讲稿改了十几遍，又在朋友面前演练了几十遍。在那次竞选中，只有我是脱稿演讲，过程流畅、慷慨激昂，一人独得半数以上的票数。那次竞选的成功让我体会到演讲的魅力，在之后的人生中我不断参加各种演讲，为之后的职业发展打下了基础。

很多人认为演说能力并不是生活必备技能，因为生活中运用到演说的场合不多。但事实上，演说能力是一种交际能力，它对我们的生活与成长都有很大的促进作用。首先，演说能力能够提高我们的语言力度，让语言更具感染力、说服力与信服力。其次，演说能力能够提高我们的逻辑思维能力，帮助我们理清事物的关系与核心重点。再次，演说能力能够拓宽我们的知识面，提高我们的词汇量。最后，演说能力还能够提高我们的个人修养，言之有理、言之有据、言之有序、言之有趣都是有修养的表现。

在我们成长的过程中，我认为演说能力是我们需要强化的首要能力，一个不懂得表达自己、不擅长沟通、无法感染和带动他人的人，即便拥有再强大的实力也无法展现自身价值。所以，演说能力既是我们能力输出的渠道，也是我们价值展现的基础。

然而，我发现目前大多数人的演说能力都不达标，这主要源于我们对演说能力的不重视以及对演说能力提升方法的不了解。在我看来，提升个人演说能力其实并不困难，我们只需要从以下几方面进行改善和强化，就能够有效提升自己的演说能力。

（1）消除心理障碍。大多数人在正式场合、公众场合讲话时会产生紧张情绪，明明只是表达很简单的内容却依然感觉不自信，这种心理障碍是影响演说效果的主要因素。针对这种情况，最好的解决方法就是增加锻炼次数。这并不是要大家多寻找在公众场合演说的机会，而是要将平日的沟通看作公开演说，以此增强自信，消除正式演说前的紧张与恐惧。

（2）准备充分。演说之前，我们一定要做足准备。尽量写好逐字稿，并完善调整，之后对着镜子进行练习，以修正自己的姿态、动作与表情。准备工作越充分，我们在演说时就越轻松，并且随着熟练度的提高，我们还能够根据现场情况即兴增加一些演说技巧。

（3）修正表达方式。大多数人演说效果不佳的原因是表达存在问题。好的演说是讲听众想听的话，而不是自己想说的话。因此，在演说之前，我们可以根据演说内容调整表达方式，强化表达技巧。比如，把听众的关注点放在前面，以问题的形式开场。这样就能够增强演说的吸引力和氛围感，让我们的演说更加顺畅。

（4）增强互动。最佳的演说效果就是听众跟随我们的节奏，关注我们的演说内容。所以，在演说过程中我们需要增强与听众的互动，带动演说的氛围，控制整体节奏。同时互动有助于我们消除紧张感，减少忘词等意外情况，还能够增加我们即兴发挥的空间。

（5）注重眼神交流。想要确保演说内容不与听众脱节，除了现场互动之外，还需要注重眼神交流。尤其是在演说关键内容和关键节点时，我们可以通过与听众的眼神互动来增强内容表达效果，同时带动听众的情绪。

在提升公众演说能力的基础上，职场表达技巧也非常重要。会议讲解和内部汇报是职场中常见的演说场合，有以下几个重点需要我们注意。

（1）内容注重逻辑清晰、重点突出。在涉及工作的演说中，我们无须做太多铺垫，只需要明确重点并按照重要性排序即可。另外，工作场合的演说逻辑大多为倒叙，即先说结果引起他人重视，之后再进行解释。

（2）处理好职场关系。在职场演说中，涉及人际关系时，一定要对事不对人，或者对职位不对人，以表达自己客观的立场。

在总结工作成果时一定要做到不邀功、不揽功，将功劳归给领导和团队，只突出自己的作用。

在争取职场机遇时，不要突出个人需求，应该彰显个人能力，比如对业务的熟悉程度，以此获得上级的资源支持。

2. 写作能力提升技巧

我认为写作能力与演说能力是一种相辅相成的表达能力，因为在很多情况下我们无法进行面对面的沟通交流，文字表达就成了主要的交流方式。所以，写作能力与演说能力都是一种重要的交际能力。

与演说能力不同的是，写作能力是一种因人而异的能力，即不同的人能够表现出不同类型的写作能力。通过总结和分析，我觉得写作能力有两种分类方法，并各自分为两种类型：从写作习惯进行分类的整体型和细节型，以及从与演说能力配合效果进行分类的口述型和书写型。不同类型的人的写作风格能够表现出巨大的差异。

比如，我自己首先属于细节型。所谓细节型，是指通过细节引导来提升整体写作能力的类型。比如，我从小写作时就有一个习惯，即在写作过程中容易被某一细节的表达卡住，当我想到这一细节的表达方式后，后面大篇幅的内容便可以顺畅表达出来，并能够一气呵成。而整体型则恰恰相反，有些朋友会被文章的整体框架卡住，当提纲、框架清晰后，他们便可以顺利完成自己的文章。

整体型和细节型的人在写作能力上各有千秋。比如整体型写作的人容易忽视细节的表达，文章的逻辑性突出、篇幅分配合理，但具体内容缺乏表达力度。而细节型写作的人虽然在具体内容上表达得更有感染力，但容易出现文章比例不协调的情况，如头重脚轻、虎头蛇尾等。

从与演说能力配合效果来分类，我以前偏向于口述型。所谓口述型，就是能够通过口述充分表达自己想写作的内容，但真正下笔时往往不知从何开始。相反，书写型的人则是下笔如有神，但张口就忘词。口述型的人能够在语言表达时侃侃而谈，但写作的内容则不够精彩；书写型的人则更多侧重书面表达，在语言表达方面则有所欠缺。

想要提升自己的写作能力，我们就需要先确定自己属于哪种类型，明白自己的不足之后，才能够采取相应的措施进行提升。比如，作为细节型写作者，在很长一段时间内我的写作问题表现为文章的整体性不够好，结构不合理，虽然我对细节的描写没有任何问题，但文章的效果并不理想。于是我开始加强自己的结构性思维，向整体型的人靠拢，不断强化自己规划文章框架的能力，从而提高了自己的写作能力。

另外，我们还需要了解一个关键的写作思维。这就是在写作之前一定要明确文章具备干货内容，最好是干货满满，所谓干货，就是能够引起他人共鸣，让他人内心产生触动或给他人带来实际帮助的内容。缺少干货、完全靠华丽辞藻堆砌的文章根本无法打动人。

如果我们无法提炼出干货内容，则需要加强学习，通过相关资料的学习开阔思维与眼界，之后进行干货总结。在总结了核心的干货内容后，我们还需要进行梳理完善，思考表达技巧，按照一定的语言逻辑将文章撰写得跌宕起伏、有血有肉，如此才能够写出高质量的文章。

提升写作能力同样需要进行不断的练习。我认为练习的最好方式就是根据自己的经验、体验、真实感受输入内容，将表达自己感触的文章请他人阅读，用读者反应和我们的写作预期进行对比，这样就能够明确自己的写作水平和不足之处。在练习过程中，需要注意的是文章表达的结构性和逻辑性，这两点需要着重练习，因为逻辑性和结构性决定了一篇文章的阅读体验感，也决定了这篇文章能否有节奏地把握读者的内心，增强文章自身的吸引力。

千万不要认为写作能力只是文字工作者专属的能力，它同样是普通人生活的必备能力。从识字那天起，我们就具备了写作能力，无论文采如何我们都能够通过文字表达自己。很多时候，优质的文章并不需要运用多么高端的写作技巧，真情实感、真实体验的表达往往更有力度。所以，想要苦练内容，我们就需要不断加强演说和写作能力，通过这些表达能力的强化，我们可以强化自己的人际关系，进而获得更多资源、掌握更多成长主动权。

第 5 章

领导力进阶：职业发展的必备技能

无论是创业还是就职，当我们成长到一定阶段时，都会成为管理者。因此，管理能力是我们必备的能力，也是实现成长突破的关键能力。优秀的管理者不仅能够充分展现个人价值，还能够让团队从弱不禁风的“绵羊”变为力量充沛的“狮子”，同时加速自身成长，尽快实现人生目标。

管理能力是刚需

在经济高速发展的时代，无论我们选择怎样的工作方式，都需要具备一定的管理能力，可以说管理能力是伴随我们成长长期存在的能力。身为普通员工、没有管理权力的朋友先不要着急反驳，因为管理能力不只是指管理他人的能力，还包括管理自己和管理身边资源的能力。正如稻盛和夫所说："一个人的成长，从学会管理自己开始。"只不过这种能力伴随着我们的成长逐渐由内部转向外部，并且发挥的作用越来越大。

其实，职场能力、自控力、人际关系、时间管理等都与管理能力有关。通过提升管理能力，我们可以更好地掌控职场、人际关系和自我，更快地走出成长瓶颈或舒适区，并在遭遇失败和挫折时更好地应对。所以，管理能力不仅是成长的刚需，也是我们的必备能力。

为什么你必须具备管理能力

无论我们正在从事一份工作，还是在创业征途中打拼，管理能力都是我们不可忽视的重要能力。尤其是在经过一段时间的沉淀后，我们会发现管理能力往往决定了进阶的结果。

在当代职场中流行着这样一句话：上位者，即管理者。这句话的正确逻辑不是因为职场晋升而成为管理者，而是具备了管理能力才获得了晋升。回顾自己的成长经历，或者冷静地审视自己，我们是否有过这样的感受？

为什么自己明明比他人能力突出，结果却是对方升职？为什么自己更加努力，结果却是他人成功？抛开运气成分，出现这种结果的主要原因就是管理能力有差异。对方一定在自我管理、人际关系管理、时间管理、学习管理等方面超越了自己。所以，不要一味埋怨世界不公，要多进行自我反思，这样我们就会发现问题的本质。

曾有一位粉丝向我表示，自己没有做领导的欲望，只想在一线岗位上体现自己的价值并获取相应的回报。我告诉他："不管你是否想成为领导，你都需要具备管理能力，只有这样你才能更加明确地对待工作，并处理好职场关系。"

例如，曾有一位粉丝向我抱怨，自己在公司勤勤恳恳地工作了十余年，但最近因为一次迟到被领导责罚。他感觉公司没有人情味，十余年的辛苦换不回一次谅解，于是便产生了辞职的想法。我对他说："你有没有站在领导的角度思考过这一问题？正是因为你是公司的老员工，所以领导对你的管理才应该更加严格，如果领导纵容你的违规行为，那么新员工又该如何管理？"

其实，很多时候用管理者思维思考一些职场问题，我们就能够更客观地看待自己的经历，并用正确的心态对待自己的成长。管理能力不一定体现为管理他人或管理事物上，更体现为一种全局观，一种进阶思维。另外，创业者更需要这种能力，任正非在《一江春水向东流》中提到过这样一段经历。

华为公司在发展初期经历了一段迷惘时期，当时公司大幅扩张，在全国各地设立办事处。任正非发现各地办事处处于一种天高皇帝远的状态，大多数问题完全由办事处负责人决定，企业经营压力越来越大。

当时，我国市场还不具备现代化企业管理技术，于是任正非斥重资到美国、英国聘请管理专家，对负责人进行培训，为华为搭建管理体系，对于管理能力不足的人，或直接换掉，或强化培养。在付出了巨大的代价后，华为才具有了人力资源、供应链、财务等方面的掌控能力，改善了自身因过度扩张走向失控的局面。

可见，管理能力对创业者与从业者都十分重要。只要具备了这种能力，我们才能够找到正确的成长方向，并在成长的过程中避免迷失，实现进阶。

 有效利用自己的管理风格成为管理高手

很多人觉得管理者要有威严感，要杀伐果断，所以内向的人不

适合做管理者，外向的人才适合；也有人认为温柔的人不适合做管理者，严厉的人才适合。殊不知，美国顶尖的五大科技巨头苹果、谷歌、亚马逊、微软、脸书的CEO全都是内向者。

所以，性格并不是成为优秀管理者的绊脚石，只是不同性格的管理者要找到适合自己的管理风格。

当代著名管理学专家吉姆·柯林斯在《卓越基因》一书中提到了“乘数效应”。所谓“乘数效应”，是指团队领导者的管理风格能够影响团队的基调，进而影响每一个团队成员的行为模式，这种影响效果无论好坏都会在团队中成倍数体现。

管理风格并非团队决定的，而是由管理者自己的性格决定的。管理者必须找到适合自己风格的管理行为，才能够建立高效的团队。

不过直到今天，依然有很多人无法认知管理风格的重要性，而盲目认为管理能力就是管理思维和管理技巧，所以我们才能够看到很多管理者学了大量知识，却管不好团队。

因此，想要强化自身的管理能力，我们必须从找到自己的管理风格开始。有个人风格的管理行为才能够突出领导者的管理魅力。

把人只分成内向和外向，还是过于简单粗暴。我日常喜欢使用“五型领导者”理论来对下属进行评估。通过这一理论的测试，我们能够清楚地了解自己的管理风格与管理特质。这五种风格分别是：

1.老虎型

老虎型领导者是典型的支配者，这类领导者的领导风格十分突出。他们胸怀大志、敢打敢拼，往往对竞争、挑战感到兴奋，并且保持积极自信。另外，他们具有敏锐的觉察力与分析力，能够把控事物的发展方向，并找到问题的核心，所以雷厉风行是这一群体的主要特点。在管理方面，老虎型领导者喜欢运用权威，对下属管理严格，但对自我管理并不十分严格。

2.孔雀型

孔雀型领导者是善用同理心，能够有效说服他人、感染他人、带动他人的领导者。这一风格的领导者具有较强的表现力与亲和力，善于察言观色，懂得自我宣传，交际能力突出，也擅长有效分配工作。所以，这一类型的领导者能够充分从内部激发团队潜力。

3.考拉型

考拉型领导者是以稳健为核心的领导者。这一风格的领导者随和、冷静自持，面对任何困难、挑战时都能够泰然自若，并且拥有长远的眼光，能够持续带动、激励他人。相比老虎型和孔雀型领导者，考拉型领导者并不在乎领导地位，更注重自身的领导作用。所以，这类领导者大多担任团队中的核心职位，但不会主动要求成为领导者。

4. 猫头鹰型

猫头鹰型领导者是善于思考的领导者。这一风格的领导者大多性格内敛，做事条理分明，责任感突出，但不会进行过多的口头表达，更重视运用规则、纪律进行管理。猫头鹰型领导者十分注重公平，对规则比较重视，管理思维相对保守，但会尊重上级的选择，并坚决贯彻执行。所以，这一类型的领导者多见于团队内部管理岗位。

5. 变色龙型

变色龙型领导者是最常见的领导者类型。这一风格的领导者十分灵活，擅长整合团队内外资源，以中庸之道进行内外管理。变色龙型领导者最大的特点在于善变，能够根据团队实际情况与工作环境随时调整自己。比如，变色龙型领导者能够管理不同的团队，并在各个团队中迅速切换管理策略，充分融入团队当中。

以上五种管理风格各有特色，各有优势。确定了自身领导风格之后，我们就能够明确自己的管理特点，并且针对性地进行提升。突出自身风格的优势，吸取其他风格的长处，我们的管理能力才能够全面强化，不断提升。

分析后我发现自己属于考拉型+猫头鹰型的管理者，特征明显。

作为考拉型管理者，我发现我的管理方式更加温柔，更适合成为导师类的领导者。我们可以像导师一样帮助团队成员成功，通过不断地激励和协助，以坚强后盾的身份推动其成长。在这一过程中，考拉型管理者可以充分点燃自己的下属，利用包容心态提升团队舒适感，强化团队凝聚力。

老虎型管理者往往雷厉风行，令行禁止。这类管理者更适合管理业务团队，因为这类管理者往往自身业务能力极强，他们能够用业绩点燃他人，用成就感染他人，能够激起团队的热情，充分激活团队的潜力。

而猫头鹰型管理者性格严谨、冷静，大多不苟言笑，给人一种敬而远之的感觉。但这种管理者同样可以利用自身风格成为优秀的管理者。例如，在现代大型企业中，有三类角色容易成长为CEO（首席执行官），他们分别是CFO（首席财务官）、CMO（首席市场官），以及CHRO（首席人力资源官）。不同管理风格对应不同管理角色，并且能够发挥出更大优势。比如，考拉型管理者能够在CHRO岗位上体现自身管理价值，CMO岗位则大多属于老虎型管理者，CFO岗位大多属于猫头鹰型管理者。

所以，管理者想要充分提高自己的管理能力，就需要先确定自己的风格，并形成与自身相匹配的管理风格，然后根据自己的管理风格定位适合自己的管理岗位，充分发挥自身的优势。

另外，不同风格的管理者还要明白自己的缺点与问题，以避免因为风格特点给团队造成重大损失。比如，身为考拉型管理者，我十分清楚自己不喜欢控制他人，如果让我采取强硬的管理方式，那么我很难确保管理效果。我更愿意成为导师，激励下属前行。但是，我需要配备一名助理来帮助我提升管理的严格度，以确保不因自己过度温柔的性格造成管理失误。

而猫头鹰型管理者具有天然的理性优势，但优点同样可以成为缺点。猫头鹰型管理者往往过于理性，容易让下属感到缺乏亲近感，从而导致团队凝聚力不足。针对这种情况，我建议猫头鹰型管理者最好选择成熟的团队，这样的团队通常已经建立了完整的管理秩序，而猫头鹰型管理者能够根据这些秩序将团队管理得更加规范。

我不太建议猫头鹰型管理者进行初创团队的管理。正所谓大团队管理靠制度，小团队管理靠情怀。而理性的猫头鹰型管理者缺乏足够的情怀，无法充分调动团队热情，从而导致团队管理效果下降。

老虎型管理者的缺点在于太过主观，容易丧失对管理节奏的把控，因为自己的激情把团队带入疲惫状态。所以，老虎型管理者最好也配备一名助理，帮助其把控管理节奏，避免因为过于激进而伤害团队。

孔雀型管理者是天生的梦想家。这类管理者能够充分展现管理者的魅力，进而带动他人。比如埃隆·马斯克，他习惯站在聚光灯下带动他人。但这类管理者不适合管理一些细节的工作，因为其管理风格不容易为下属带实质帮助。

需要注意的是，每个人的管理风格都并不是单一的，我们可能同时拥有两种或者更多的风格特征，从而可以应对更广泛的场景。所以，很多时候我们需要规避自己的劣势风格，在不同场合发挥不同风格的优势。

总而言之，管理者一定要学会善用自己的管理风格，根据管理风格选择适合自己的管理岗位，充分发挥自身优势。千万不要认为管理者千篇一律，只有管理技能到位才能够成长为管理高手。真正的管理强者一定清楚自己的管理风格，并在风格上延伸出独有的管理模式，达到超越他人的管理水平。

绝不要掉进管理的误区

在分享管理经验的时候，我总会想起一位朋友。这位朋友是一位新加坡人，我与他相识时他已经70多岁了，但精神矍铄。他的言谈举止和见识着实令我敬佩。与之沟通时我们聊到了管理话题，他结合自己数十年的管理经验，对我说了这样一句话。他说道："我发现中文非常有意思，就拿'管理'这个词来说，从字面理解很容易让你把重点放在'管'之上，而忽略了'理'的作用。所以大多数人对管理的认知是先'管'后'理'，甚至只'管'不'理'。很多管理者也认为，管理就是管人，是指挥、约束，这就是当代最常见的管理误区。"

他的这番话引发了我的深思，我突然意识到这几句简单的描述直击管理的精髓与根本，也指出了现代众多管理者管理不佳的原因。如果我们不能正确认知"管"和"理"的关系，不能明白其中的逻辑，那么我们的管理能力就很难有所突破，管理效果也无法发生质变。

 管理不是先管后理，而是先理后管

我的这位朋友年轻时曾做过百威啤酒亚太区总裁，后来给很多跨国企业做过咨询。数十年的管理经验让其对管理更为精通，当他提出这一管理误区后，我当时便向其求教管理的真谛，他谦虚地称自己也谈不上多么精通管理，但从自己多年从事管理工作的经验来看，管理并不是先“管”后“理”，而是先“理”后“管”。当我们把一些事情“理”清楚后，就会发现“管”可以更加轻松，效果可以更加突出，甚至不需要再“管”。

听完他的见解后我似乎能够了解其中的逻辑，但具体内容上还不是特别清楚。沿着这位朋友的指引，我在随后很长一段时间继续研究“理”和“管”的关系，以及“理”和“管”针对的对象。最终我发现了“理”和“管”的关键所在。

总体而言，“理”和“管”各分三个方面，下面我就与大家一起详细梳理一下。

1.理：理目标、理人心、理利益

首先，理目标。理清团队以及个人的发展目标是所有管理者实施管理行为的基准。也只有明确了这些目标，管理才能够有方向、有效果。

其次，理人心。人心齐，泰山移。每一个员工都是有情感、有理想的生命体，而不是无欲无求的工具人。他们的价值观决定了他们的动力，他们的动力又决定了他们的行为。我们只管理行为，不梳理人心，就像是我们不用温暖融化冰块，而只想用寒风吹散坚冰，本末倒置。

我发现目前不懂得理人心的管理者并不在少数，比如，我的一些下属晋升为中层管理者后习惯采用命令的管理方式来管理下属，他们习惯于对下属下命令、指责下属，而且时常向我抱怨管理工作不轻松，下属难管理。另外，还有一些下属晋升为中层管理者后表现得不自信，整日担心下属不认可自己。这些人缺乏基本的管理意识，管理团队如同哄孩子，面对反对意见或质疑情绪，不会使用管理策略，只会劝说、安慰，这导致自身毫无威信可言。

这两类管理者都忽视了一个重点，这就是威信是别人给的，不是自己立的。员工都想为理解自己、能带着自己提升、引领自己成功的上级工作，而不想为空有威严但能力乏善可陈的上级工作。所以理人心就是理解下属，认可下属，发现下属的优势和不足，帮助他改进的过程。管理者如果能做到领进门，扶上马，送一程，则人心自然属于你。

最后，理利益。天下熙熙，皆为利来。理利益不是指管理者为下属增加一些收入，而是明确下属的利益需求形式，以正确方式满足对方的利益点。比如，我的团队中有一位小伙子主要从事课程研发工作，他工作非常努力，也十分用心，与其沟通后我发现，他希望通过自己的努力提高收入，改善生活条件。但课程研发岗位归属于成本部门，收入相对固定。为此，我专门为他研发的课程设置了一份提成奖励，只要他设计研发的课程销售出去，他就可以获得这部分奖励。提成奖励本身是销售人员才有的福利，但我换到研发人员身上，激励了他极大的干劲，他研发的课程的质量也越来越高。

再比如，我的另一位同事在工作中表现出了积极性与求知欲。与其沟通后我发现，他拥有远大的理想，所以对当下的收入水平并不是特别看重，更希望通过当下的历练丰富自己，最终实现自己的创业目标。为了满足这位同事的利益点，我为其安排了各种学习和锻炼机会，在他能力提升之后给他升职，让他做管理者。通过这种方式，他成长得非常快，还带动了更多人共同成长。

所以，我经常说利益并不能与金钱直接画等号。只有了解了每个人关注的利益点，我们才能够理清对方的发展目标，进而确定管理方向。

当我们理清需要管理的内容之后，下属会发生一种变化，这就是每个人都知道自己应该如何做好，工作应该取得怎样的成果，自己又能够得到哪些利益。这时，下属的自觉性、自律性就能够彻底被激发，这就为管理者奠定了良好的管理基础。

2.管：管能力、管节点、管偏差

进入管的层面后，管理者需要明白，我们管的不是人，而是人的能力、事的节点，以及效果的偏差。

首先，管能力。管能力是指我们要对下属的能力有清楚的了解，这包括他目前的能力如何、胜任工作需要具备怎样的能力、在哪些问题上容易犯错、存在哪些能力缺失等。在当今瞬息万变的科技时代，管能力是管理者的一项重要工作。因为随着社会发展，企业岗位的能力需求在不断变化，基层员工的能力保质期越来越短。十年以前我们要求白领需要会使用Office，但两年以后估计我们会就要求他们会使用人工智能工具办公。社会发展太快，我们要不断对团队的能力进行管理，才能够确保团队的运作效率。

一位员工当下能力突出，可一旦我们疏于能力管理，第二年他的能力则可能就会因为市场环境的变化而表现出明显不足。所以，管能力是管理者日常的主要任务。

不过，管能力不是每天对下属指手画脚，设定各种能力提升要求。而是思考员工在成长过程中可能会出现哪些能力问题，找到这些问题的原因并给予一些指导与帮助，确保其成长效果。另外，管理者还需要与下属探讨未来的发展，共同寻找成长受挫的原因，提前规避成长误区，让其保持主动成长的积极性。

其次，管节点。管节点是指在下属个体能力管理之上的团队管理。在日常团队运作过程中，整体工作必然存在关键的节点，这些节点的工作效果决定了团队整体的工作效果。因此，我们在梳理出这些关键节点之后，要对每一个节点明确管理效果，设置检查流程，确保内部各环节工作配合的顺畅性。

管节点是很多管理者容易忽视的内容。有些管理者懂得如何管理个人，但缺乏管节点的认知。在日常管理工作中，这些管理者通常会把所有精力都用在管理个人身上，但管理者的精力有限，这就导致团队经常出现顾此失彼的情况，使团队整体的管理效果始终无法达到理想状态。

最后，管偏差。管偏差是在团队节点工作管理到位后，进行的一种预期效果管理。其实，当我们看清团队工作的关键节点后，就能够预估团队各个环节的工作效果，并测算出预估工作效果与预期效果的偏差，从而针对这些偏差进行重点管理。

当团队工作效果与预期目标出现偏差时，管理者要懂得引导团队发现其中的问题，或者指导团队找出自身的不足，然后和团队一起思考解决方法。

在这一过程中，管理者要懂得及时转变自己的角色，以支持者、候补者身份推动团队共同成长、共同进步。比如，当团队在某个环节因能力不足导致工作效果不达标时，管理者要针对这一情况重点管能力；当团队在某个环节因心态问题导致工作效果不理想时，管理者要及时调整团队心态。以预期效果为目标，通过行动消除各种偏差，团队的管理水平和管理效果才能够全面升级。

总体而言，管理者的工作就是理清三件事、管好三件事，当我们读懂了这一逻辑，明白了这一道理，并采取这种方式进行管理时，就能够让管理真正发挥作用，让团队因为管理取得1+1＞2的成果。

另外，我在研究管理工作时也总结了一些自己的感悟。从传统文化来看，“管”字上面的竹字头如同一双眼睛，而中间的宝盖头如同张开的双臂，下面又有两个“口”。从“管”的形象而来，它似乎在告诉管理者，我们应该做好三件事：一是管理者需要具备一双眼睛，看清团队、看懂团队、监督团队；二是管理者需要张开双臂保护好团队，用自己的行动协助团队；三是管理者要通过嘴巴与团队保持有效的沟通。只有这样，管理者才能够真正了解团队，帮助团队。

我认为这是每一个步入管理岗位的人需要明确的三项任务，在先“理”后“管”的过程中，成长为优秀的管理者。

 没有最好的下属，只有最合适的下属

每一位管理者都希望自己的下属完美无缺，能力出众、善于沟通合作、积极进取并能带动他人。所以，很多管理者在招聘员工时会不断增加要求，提升期许，可真正招聘到的完美员工却寥寥无几，

而且即便遇到了也很难留住。

时常有中层管理者跑来向我诉苦，称自己手下人才匮乏，下属存在各种问题，或能力不达标者不思进取，或能力达标者不懂得带动他人。遇到这类情况时，我习惯分享这样一个观点：没有最好的下属，只有最合适的下属。

这句话是我多年管理工作经验所得。在我看来，下属其实都是优秀的，问题大多出在管理者身上。如果管理者能够让每位员工发挥自己的长处，让他们把擅长的事做到最好，同时给予适当的引导和督促，帮助他们不断提升自己的能力，那么我们则会发现下属其实都很完美。

从本质上讲，通过招聘我们很难直接找到与管理者完美契合且能力突出的下属，真正的优秀下属往往是管理者培养出来的。

比如，在筛选团队下属时，我会优先选择有一定职场经验、态度端正的下属。一旦确定了这位下属在某方面所拥有的能力，我就会引导其逐步扩展能力范围并体现自身价值。

这也是所有管理者都应该具备的一种意识：只有具备发现的眼光，我们才能够找到下属的优点。只有定位了下属的优点，我们才能够将其放大，并培养成适合自己的下属。在这个过程中，管理者需要注意两个关键点，分别是放大与调整。

其实，发现下属的优点并不困难，因为在日常工作相处的过程中，我们能够清楚地看到每一位下属的独特之处。关键在于管理者是否懂得放大这些优点。很多管理者有这样一个管理误区，即在管理过程中对下属缺点的关注远大于优点，所以他们整日在指点、管教下属，很少给予鼓励与肯定。我个人认为这样的管理方式只会适得其反。培养下属一定要懂得鼓励与支持，要用“发现美”的眼光看待自己的下属。即便在批评下属时，也要“七分赞美三分指责”。在认可对方的前提下，提出一些对方不足的问题，如此下属才能够意识到自身的问题所在，才能够让管理真正起到作用。

我经常与团队的中层管理者分享一个观点：对自己严苛、对下属宽容是管理者最好的管理姿态。因为管理者是下属的标杆，标杆严明则下属自律，标杆宽容则下属自强。所以，在日常管理中，我们可以通过沟通技巧和宽容心态培养出更适合团队的员工。

除了放大员工的优点之外，管理者还需要对员工进行适当调整。我经常和团队中层管理者强调，我们招聘到公司的员工，都是经过层层筛选以及能力考量的，理论上这些员工都能够胜任相应的工作。我希望大家能够发现每一位员工的优点，并将其匹配到合适的位置，这样才能够让员工在岗位上发挥最大的价值。

比如，就销售岗位而言，大多数管理者认为只有性格外向、语言表达能力突出的人才能够胜任，而性格内向、腼腆的人并不能成为优秀的销售人员。但我并不这样认为，因为我发现性格内向、腼腆的人有一个优点，那就是表达真诚。这类人的表达更多发自内心，只要对其进行专业的营销培训，他们更有可能赢得客户的认同，并建立长久的信任关系。

所以，只要管理者懂得发现员工的优点，并将其匹配到合适的位置，以正确的方式展现自己的优势，那么这些员工就能够成长为团队的优秀下属。

业务能手不一定非要当领导

我发现很多企业在晋升机制上存在一种严重的误区，这种误区不仅导致企业宝贵资源的浪费，甚至大幅增加了企业管理压力。这种误区就是“业务能手一定会成长为企业领导”。

我曾对这一晋升思维进行过深度调查，发现这种误区主要在于企业晋升机制与员工成长思维存在问题。很多企业高层领导认为，企业管理者一定要懂业务，只有业绩突出的管理者才能够服众并带领企业发展。然而，我认为这种思维仅仅适用于企业的业务部门，并不适用于企业的其他部门。

另外，有些基层业务人员也误认为职场晋升一定是向着管理者的方向。他们会问：“难道自己还要做一辈子的基层人员吗？”我对此的回答是：“为何不能呢？”企业人员体现价值的最好方式就是在合适的岗位充分展现自身价值，我们强行让自己的管理岗位努力的认知，不仅会造成公司业务资源的浪费，也无法改善企业的管理效果。

当然，我并不反对企业的业务精英向着管理人员发展。我还会经常鼓励业务人员学习一些管理知识，因为懂得管理我们才能够更有效地调动团队，懂得管理我们才能够更有力地展现自身价值。

但成为管理者并不是业务精英的唯一选择。如果企业和业务人员不能跳出这一误区，那么只会给企业和业务人员带来双向损失。

回想起我刚刚进入金融领域时，就接触过这样一家公司。这家公司的晋升机制、团队文化均以管理者为纲，这直接导致企业以管理职位高低来评定业务人员的能力，并匹配相应的待遇。

我随后了解到这家公司为了完善这种内部晋升机制，设立了无数管理岗位。比如，这家公司将本地的市场分为了不同区，每个区设区域管理者，区域管理者下面还有小片区，再设小区域管理者；小区域下分为不同部门，设部门管理者，部门之内三人成组，每个小组中业务能力最强的人担任组长。这代表这家公司至少有三分之一的领导岗位。

然而，如此复杂的管理机制极大地影响了这家公司的运营效率。比如，一项简单工作的汇报要层层传递，为此很多业务反馈不够及时，直接降低了业务开展的效率。另外，这家公司还为每个管理岗位设定了管理工作，小到定期总结工作成果，大到设置管理任务等，这占用了业务人员的大量精力，导致业务人员成为领导后业务量反而下降了。

通过了解这家公司的管理机制和晋升机制，我深切意识到业务能手并非一定要成为管理者。企业完全可以通过调整管理机制，让业务能手在岗位不变的前提下，获得待遇与职位的提升。如此，业务能手不仅能够获得相应回报，同时还能充分发挥自身价值。

那么，什么样的业务能手适合晋升为管理者呢？首先，具备足够格局、具有全局思维、懂得奉献自己、能够带领团队成长的业务能手可以成长为管理者，且这类管理者能够充分提升团队的整体业务效果。其次，能够点燃他人的业务能手可以成长为管理者。管理者一定要具备点燃他人的能力，能够通过自身行为带动团队共同进步。

所以，我建议管理者对企业的业务能手进行考察与分析。对于不适合走上管理岗位的业务骨干，要匹配合理的晋升方式令其获得相应的回报；而对于愿意点燃他人且格局宏大的业务能手，则可以进行管理岗位的重点培养。

管理的策略

现代经营之父稻盛和夫曾提出过这样一个观点。他认为职场中人可以分为三类，这三类人分别是自燃型、可燃型和不可燃型。自燃型的人是指能够随时为自己凝聚前行动力的人，这类人能够找到自己工作与进步的方向，并不断鼓励自己，加速成长。可燃型的人是指一旦具有了清晰目标，就能够被充分激励，然后向着目标不断进步的人。而不可燃型的人则是指自身没有上进欲望，也不会被他人激励、鼓舞，终日混迹职场的人，这类人也是最容易被职场淘汰的人。

我认为，稻盛和夫的这一观点非常睿智，它从多个方面揭示了管理者应该采取怎样的管理策略以及应该如何有效管理团队。

比如，我在创业的时候经常遇到一些管理者，当时大家都比较年轻，拥有远大的抱负与理想，所以每个人都是典型的自燃者。可我们并不能管理好团队，因为我们不懂得如何点燃他人，而且我们的热情、冲动很容易被各种挫折、失败浇灭，团队成长自然频频受挫。

明白了稻盛和夫的这一观点后，我才意识到管理者不仅要成为自燃型的人，还要懂得如何点燃他人，带动团队。其中，成为自燃型管理者需要我们对自己从事的事业保持认可，坚定自己的信念。只有这样我们才能够及时发现自己的问题，然后自我反省，自我激励，这才是自燃的正确表现。比如，当团队遭遇挫折、经历失败时，管理者需要反思自己的责任，引导团队发现自身问题，进而重新自我激励，而不是依靠“我们是最棒的”“我们是最强的”等语言欺骗自己，之后继续盲目发展，直到团队遭受难以承受的失败。

点燃他人是管理者另外一个必备能力。在自己坚信的方向上，我们要懂得利用理想主义放大团队发展的欲望与激情，把必胜的信念传递到其他人心中，吸引更多人聚集，带动更多人一起努力。

有人认为“点燃”他人就是为团队“画饼”，从正能量的角度来分析，我不否认这种观点，反而认为“画饼”是每位管理者应该具备的能力。比如，“饼”代表我们的理想和信念，当我们把这张“饼”描绘给合伙人和下属时，团队才能够产生向心力，进而凝聚强大的发展动力。“画饼”没有问题，但只有把画过的“饼”都一一实现，让团队看到成果，尝到甜头，下一个“饼”才有意义。

所以我经常说，一位优秀的管理者也是一位优秀的职业规划师。因为一位优秀的管理者要能够帮助员工定位自己的成长路径，明确职业规划。

除了点燃自己、点燃他人之外，我认为管理者还需要具备另外一种管理能力，即懂得运用“鲶鱼效应”的能力，能让一条活蹦乱跳的鲶鱼搅动水桶，从而让其他鱼无暇躺平，重获生机。在“饼”的引导下，团队能够保持一段时间的发展冲动，但随着时间的推移，这种热情会逐渐降低。这时我们不能单纯依靠各种口号激励团队成员，而应该让自己变为团队的“鲶鱼”，利用危机感激励团队、带动团队。

提起“鲶鱼效应”，我总会想起《士兵突击》中的许三多，从他的身上我看到了一条典型的“鲶鱼”。许三多进入每一个团队后都会让人感觉不舒服，这种不舒服体现为他对原则的坚守。当团队其他人被外界磨掉锐气、变得麻木时，许三多就能够让其意识到自己的不足，之后把整个团队带动起来。

在企业发展过程中，团队非常需要这条“鲶鱼”，而管理者也要懂得及时成为团队的“鲶鱼”，点燃自己、让团队长期具备活力。这就是当代管理者需要具备的管理策略。

格局决定结局

每一个管理者都需要具备合格的管理能力，但并不是每一位懂得管理的人都能够获得最后的成功。因为管理能力只是管理者的基础，真正决定结果的是管理者的格局。

格局决定结局，胸怀决定高度。

作为一名经历过失败、挫折，又重新在人生低谷爬起，不断攀越高峰的管理者，我曾进行过这样一段管理总结："有能力的人会追随有梦想的人，有梦想的人会追随有格局的人。一位成功的管理者需要吸引无数有能力、有梦想的人聚集在一起，然后打开自己的格局，引领团队不断登高超越。"

如果一名管理者只有能力，没有格局，那么他只能成为最基层的管理者，很难带领团队实现终极目标。我可以通过自己的创业经历证明这一事实。

回想自己第一次创业失败的惨痛经历，需要提及一个重要人物，这就是我们创业公司的控股股东。当时选择一同创业，我最看重的就是他的能力。

在能力方面，他的确十分优秀。20世纪90年代名牌大学毕业后他就进入了国内知名的家电企业工作，并在短短两三年的时间成长为该企业的全国市场总监。在2000年左右时，他已经是年薪百万元的人生赢家，这足以证明他的能力十分突出。

看到他的能力后我们的创业团队可谓信心满满，对未来充满美好憧憬。但随着公司的发展，我越发意识到这位重要的合伙人的格局存在问题。最突出的表现为，他关注个人利益远超团队利益，甚至在很多时候他会选择牺牲团队利益，保障个人利益。

在创业过程中，每当需要投入时，我总会奉献自己的全部，想尽一切办法给予员工实际利益。而他更多是口头鼓励，不断用"画饼"激励员工情绪。每当公司获得收益时，他总会把自己放在第一位，以企业领导者的身份享受大部分收入。就是在这种状态下，越来越多的人忘记了最初共同创业的初衷，逐渐将焦点放在个人利益之上，团队内部开始出现各种不安因素。

当时创业失败后，他作为公司的主要股东，没有表现出任何担当，而是在不断推脱自己的责任。当时身为非控股股东的我反而认为自己应该承担相应的责任，所以我拿出了自己的全部积蓄、抵押了房子，想尽一切办法解决实际问题。虽然到最后，我的负债依然高达数百万元，但我的行为赢得了所有人的信任，大家也愿意给我时间，相信我能够偿还自己的债务。

如今，十余年的时间已经让我们有了不同结局。我通过自己的努力偿还了所有债务，取得了今日的成就。而这位合伙人已经销声匿迹，我在朋友口中得知，不断逃避巨额债务的他已经被最亲近的人起诉，人间蒸发。

经过这次刻骨铭心的失败后，我真正意识到对于管理者而言，能力只是一个开端，而格局决定着结局。如果团队的主要管理者的格局不到位，则团队的发展很难长远；只有胸怀千万里的长期主义者才能够带领团队达成最终目标。

结合自身经历，总结各位成功者的经验。我发现提升格局需要从四个方面入手，或者说我们需要具备这四种意识，才能全面打开自己的格局。

1.吃亏是福

我相信很多人认为“吃亏是福”是一句“毒鸡汤”，但真正吃过亏的我能够体会到，从长远角度来看，很多时候我们吃小亏，但能够得大利，吃亏是能吃到红利的。比如，在创业失败后，我主动站出来承担了更多的责任，虽然这让我付出了更多，但我也因此赢得了更多人的信任与认可。在我目前的公司中，我的一位重要的合伙人就是当时共进退的同事。她告诉我，正是当时我表现出的担当与格局，让她相信我们能够在一起走得更加长远。

另外，吃亏是福也体现在团队管理当中。比如，我们团队每年都会招聘名校毕业生，并倾尽心血全力培养。在这个过程中，我不会关注他们是否会长期留在我们团队，哪怕他们明确表示自己的目标是离开公司自行创业，我同样会付出真心，甚至更加开心，成就别人就是成就自己。

在很多人看来，这是一种吃亏的行为，但这种行为为我和我的公司积累了大量的人脉资源。十余年来，最初来到公司的毕业生无论是否还留在公司，大多数都已成长为行业精英，最重要的是他们与我和我的公司保持着良好的关系和紧密的联系。每当我们有需要的时候这些人都会义无反顾地聚集在一起，大家彼此信任，从而取得了更多的成就。

所以，在我看来吃亏是福并不是真的吃亏，而是在利益分配的时候优先考虑他人与团队，把更多的利益让给他人。这样在未来我们就能够收获更多机会，拓宽自己的发展渠道。

2. 利他主义

在吃亏是福的基础上，我认为每个管理者都需要懂得利他主义，而且一定要意识到利他才是真正的利己。其实利他主义正是企业经营的本质，我们从事的一切商业活动，其目的正是帮助他人，为他人创造价值。所以审视团队自身的商业价值非常简单，正是思考自己能够为他人带来多少帮助、创造多少价值。

作为一名管理者，一定要学会通过利他提升自己的格局。在带领团队发展的过程中，我们不要过分关注自己付出了多少，而应该思考为下属、为团队创造了多少。当我们懂得这种利他思维后，就能够发现下属对团队的依赖感越来越强，团队的向心力越发突出。

3. 共赢思维

一个不懂得利他主义的人，很难学会为他人着想、为团队着想，自然也无法打造团队的共赢状态。而共赢才是管理者带领团队不断发展的最好状态。

共赢不仅体现为团队内部共赢，也包括与接入的外部资源共赢。回想创业失败的那段经历，我发现自己当时的确缺乏共赢思维。当时我把所有的关注点都放在自己的能力之上，思维也局限在团队当中。所以那段时间我不断思考自己的能力极限在哪里、自己擅长什么、自己能够为团队带来什么。这种思维的确在团队中起到了良好的带动作用，但并没带来好的结果。如果当时我能够针对自己不擅长的领域，思考借助外部资源力量，弥补不足，与他人共赢，那么公司的发展应该是另外一个结果，至少能够达到一个全新的高度。

4. 全局思维

全局思维是共赢思维之上的一个升级思维，或者说是管理者全面打开格局的一种思维。我通过下面这个案例来讲解全局思维。

在这两年我自己企业发展的过程中，我们也曾遇到一些挑战。当我意识到仅仅依靠团队内部力量无法解决这些问题时，我决定聘请外部团队攻克难关。这时，有内部管理者开始质疑，向我抱怨外部人员似乎不太理解我们的实际情况，很难与我们产生有效配合，也有人表示对外部人员不信任。

通过对这些不同意见的分析，我发现这是内部管理者缺乏全局思维的表现。因为这些管理者认为，外部人员的到来侵害了自己的利益。中途聘请外部团队不仅代表我们需要付出相应的成本，还需要与外部团队共享整个项目的成果，这让很多前期付出巨大心血的管理者心有不甘。

针对这一情况，我提出了全局思维。团队发展的前提是把工作做好，一切利益分配必须从全局出发。如果我们把目光局限在利益之上，则格局很容易受限。从长远的角度来分析，只有利用一切资源解决发展问题，我们才能够越来越壮大，才能够实现真正的成长。

综上所述，我希望各位管理者能够具备全局思维，充分打开格局思考团队发展，只有这样我们才能够时刻清楚自己的定位，明确发展方向，未来的成长才不会因格局受挫、受限。

向上管理

一个管理能力突出的人，能够在职场中表现得更优秀。“向上管理”是必不可少的。

每当我提及向上管理思维时，总有朋友认为向上管理就是巴结领导。对此我不断强调这是两种截然不同的概念。巴结领导是指自身毫无能力，靠讨好、谄媚等方式博得领导一时的欢心，这种人能够获得一时的成长，但无法堪当大任。而向上管理是有技巧地向领导展现自身价值，获得领导的赏识，借助更多上级的资源提升自身成长。

比如，我成为管理者之后经常和下属说，我更喜欢仗义执言的人，敢于表达自己的观点是一种为团队负责的表现。我从来不会重用那些唯唯诺诺的“好好先生”，但我也不会重用不管不顾的愣头青。每当我遇到注重团队利益、敢于表达自己观点的下属时，我总会不自觉地多关注他，并给予他更多机会，想来这也是他懂得向上管理的效果。

结合自己作为下属与管理者的亲身体验，我认为向上管理包含六种技巧。熟练掌握这六种技巧，我们就能够成为上级眼中更值得信任、培养的潜力股。

（1）让上级做选择题而不是填空题。向上管理首先体现在与上级的沟通之上。尤其在征求上级意见时，我们一定要懂得让上级多做选择题，而不是填空题。当我们能够先人一步，为上级做好选择准备时，上级就能够看到我们的用心，认可我们的做事思维与效果，给予更多肯定的同时有效辅助我们的工作。

（2）给予上级更充分的信息。在与上级沟通的过程中，我们要学会给予上级更多的信息。因为全面、充分的信息才能够帮助上级做出正确决策。我作为团队管理者最不愿遇到的沟通便是下属表达的信息不全面，我需要通过各种问题才能够了解到全面信息，这不仅浪费了我的时间，也容易导致我的决策出现失误。可见，我们作为下级与上级沟通或汇报工作时一定要学会给予上级更充分的信息，便于上级了解真实情况。

（3）懂得为上级节约时间。团队中优秀的下属并不体现在为上级做了多少事，而体现在为上级节约了多少时间。如果我们意识到上级时间的宝贵性，则懂得在沟通、工作中深入思考，与上级形成协作的默契。

（4）帮助上级解决困难，而不是曲意逢迎。迎合上级的观点不如解决上级的问题。我们在工作中表现得唯唯诺诺并不能得到上级的认可，而帮助上级解决问题是体现自身价值的重要方式。

（5）及时与上级沟通。身为下属在工作中最忌隐瞒信息，尤其是在我们遇到困难时，很多下属担心上级认为自己无能，就选择隐藏自己的失误与错误，这往往容易导致团队整体利益受损。事实上，懂得及时与上级沟通、表达自身困难与问题的员工更容易获得上级的认可，因为这种方式有助于上级了解团队的真实情况，进而有效安排工作，领导团队发展。

（6）理解上级的情感。无论职位多高，团队管理者都是一个具有人格特点和真实情感的个体。所以，身为下属要懂得体谅上级。团队管理者同样承受着巨大的工作压力，也会出现脆弱、崩溃、无助的情况，我们要学会理解上级的情感，懂得配合领导的状态与情绪，主动帮其分担压力，这样自然就会收获上级的感恩。

在这个时代，懂得向上管理的人，远比那些默默无闻、在岗位上勤勤恳恳的员工更能把握机遇。因为通过向上管理我们才能够展现自身的价值，才能够有效利用更多的上级资源，从而获取更多的成长机会。

第 ⑥ 章

职场进阶：如何面对职场的各种意外

生活与职场总是充满变数，这些变数或许会推迟，但从不会缺席。哪怕你此刻享有百万年薪，哪怕你此刻是公司翘楚，依然要面临这一风险。

那么身在变幻莫测的现代职场中，我们要如何长期把握主动权，在各种职场危机前临危不乱、化险为夷、完美应对，让自己的职业生涯蒸蒸日上呢？这就需要具有职场进阶思维。

未雨绸缪：如果失业，你能扛多久

“如果失业，你能扛多久？”相信看到这一问题，大多成年人都颇有感触。无论是刚刚就业的年轻人，还是事业有成的中年人，都会在思考这一问题时产生一系列联想。

或许年轻人会认为：“失业有什么可怕？大不了重新开始。”可现实却是，许多失业青年就是因为这种心态，长期在就业、失业、再就业、再失业的循环中徘徊，最终沦为躺平青年。

中年群体面对这一问题应该较为谨慎，毕竟失业的背后就是中年危机。在上有老下有小的年纪发生这样的事情，无疑是中年人最不愿面对的事实。可这种危机却一直存在，无论我们是否愿意承认，是否愿意面对，这都是我们无法逃避的现实。千万不要认为自己当下在公司里如鱼得水，就能够长久一生。时代变化和社会发展的不确定性可能会颠覆我们的一切合理认知。比如，在新冠疫情期间，不乏年薪百万的职场精英一夜间沦为无业游民；而ChatGPT的出现，让文案、编辑、码农这些脑力劳动者也面临着被替代的压力。所以，每个成年人都应该具备职场危机思维。

或许你此时正顺风顺水，认为自己可以掌控人生。但我们不得不承认，失业，失去的往往不仅是眼前的职位，还是在一个行业的地位与机遇。正如现代职场中流行的一句俗语："当你发现手中的饭碗端不住时，你也会发现，其他的饭碗你也端不起来。"

给自己做个职业体检

我自己也曾经历过职业挫折，也曾感受过二次择业的痛苦，不是找不到工作，而是感觉自己并没有达到理想的状态。那段时间我很怕与他人相处，下意识地远离社交圈。直到我意识到与其抱怨职场冷漠，感叹世事无常，不如正视自己的选择错误，我才明白未雨绸缪的职场思维有多么重要。

各位朋友不要到那一天来临时再思考这一问题。我们应该主动为自己做一个职业体检，这样才能提前规避许多职场意外，并为更多潜在危机做好应对方案。我建议没有考虑过职场危机的朋友思考以下几个问题。

1. 我们的工作是否令我们感到快乐或有成就感

我非常认同工作是辛苦的付出，但这不代表工作中没有快乐与成就感。如果我们的工作状态是每天敷衍，脑子里思考最多的是何时下班，不会因为自己的工作成果而感到快乐，很少从工作中获得成就感，那么就说明我们不喜欢这份工作，同时也代表我们对自己的岗位并不看重。这时我们的工作就存在较大的潜在危机，当公司发生任何变动需要进行人员调整时，我们的岗位往往首当其冲。

2.我们的能力是否与职位相契合

职位不是薪资获取的渠道，而是个人能力的展现平台，薪资不过是能力价值的体现。如果我们感觉自己职位的工作压力、工作难度过大，则代表我们与职业的契合度较低，这时我们有两种选择：一是调整自己的职业发展方向，根据自身能力及时选择其他职位或者其他公司，否则，你的职业生涯将伴有较大的失业危机。二是提升自身能力，努力满足职位需求，并充分体现个人价值。这也能够消除潜在的职业危机，不过这需要我们对职业保持较高的热情与发展欲望。

3.我们的职场竞争力如何

职场竞争力是指我们在公司内展现的独有价值，即我们是否容易被人取代。如果我们此时的工作业绩其他人也能够轻松完成，则代表自己的职场竞争力不足。在这种情况下，我们必须提升自己的专业能力，展现更大的价值，获得更多职位话语权和掌控权。只有不断精进，我们才能够确保自己在职场竞争中立于不败之地。

4.我们的工作压力是否健康

工作压力的健康性十分重要。目前大多数就业者无法意识到这一点，他们所有的工作动力均源于家庭压力，在自己不擅长、不喜欢且无法体现自己价值的领域盲目前行。为了完成工作任务加班加点，为了获取更多收入被迫提升职业能力，随着时间的推移，这些就业者开始失眠并出现焦躁、抑郁情绪，最重要的是工作多年之后他们没有任何成就感与获得感。在这样的工作状态下，他们往往很难成为职场精英，最多只能熬成职场中“苦劳”丰富的前辈，而在职场变动中这类就业者同样处在失业的边缘。

5. 我们是否有清晰的职业规划和发展目标

没有清晰的职业规划和发展目标，我们就很难在工作中有所成就，自然也容易被团队中途放弃。无论你此刻是刚刚就业，还是颇有成就，都需要针对自己的职业发展画出一条线。在这条线上，你可以描述自己的抱负与发展目标，可以是在一家公司的发展规划，也可以是在多家公司的职业规划。当我们有了清晰的职业规划和发展目标时，我们就能够明确职业发展中每个阶段的重点与潜在危机，才能够拥有更多的选择权。

当然，我们也可以做一下霍兰德职业测评。通过这一测评我们可以了解自己适合从事哪些职业。在霍兰德职业测评中，劳动者被分为社会型、企业型、常规型、现实型、研究型和艺术型六种，每种类型适合的职业如表6-1所示。

表6-1　霍兰德职业测评表

类型	类型特点	适合的工作的特点	适合的具体工作
社会型（S）	社会型人群喜欢与人交往，社交范围广泛，表达能力突出，关心社会问题，对于体现自身社会价值有强烈的欲望	这一群体适合经常与人打交道的工作，或者为人提供信息、启迪、培训、治疗、开发服务的工作	比如教育工作者、社会工作者等
企业型（E）	企业型人群喜欢追求权力、权威与物质财富，具有突出的领导才能，有强烈的竞争欲望，敢于冒险，有野心、有抱负	这一群体适合以实现政治、社会以及经济价值为目标的工作，工作内容主要为经营、管理、领导或监督	比如项目经理、销售人员、营销管理人员、企业领导、律师等
常规型（C）	常规型人群尊重权威与秩序，习惯在他人的领导或指示下工作，对领导职务并没有浓厚的兴趣，喜欢按计划、有条理的工作方式，性格较为谨慎、保守	这一群体适合有系统、有条理、有明确规章制度的工作，工作要求主要为细节与精度的把握	比如秘书、记录员、会计、行政助理、出纳、图书管理员等
现实型（R）	现实型人群乐于从事操作性强、要求动手能力的工作，通过手脚灵活、动作协调等特点展现个人价值。但这一群体不善言辞、交际，性格保守、谦虚	这一群体适合使用各种工具、设备，需要一定技能的操作工作	比如摄影师、修理师、流水线技术工、机械装备工、农民等
研究型（I）	研究型人群抽象思维突出，肯动脑，善于思考，求知欲强，但动手能力不足。在工作中理性思维大于感性思维，能够在未知领域不断探索	这一群体适合脑力工作、理论层面的科研工作，或者计算、测量等学术工作	比如工程师、医生、专业课教师等

（续）

类型	类型特点	适合的工作的特点	适合的具体工作
艺术型（A）	艺术型人群艺术思维突出，具有创造力，能够用与众不同的方法表现自身个性。这一群体喜欢追求完美，思维天马行空，脱离实际，且性格多样	这一群体适合对艺术修养、创造力、想象力有要求的工作，比如语言、色彩、视觉等方面的审美工作等	比如导演、演员、画家、雕塑家、小说家、诗人等

在现实生活中，我们的兴趣类型并非局限于单独一种，大多数人拥有多重人格类型，比如我的人格就包含社会型、现实型、研究型三种。霍兰德认为，这些性格之间能够相容，且相容度越高，选择职业的范围就越广，其内在的冲突就会越少。在此基础上，霍兰德以“六边形”的方式标示出了六种类型人格的相互关系，图6-1为企业型人格的图示。

在霍兰德职业测评划分的六种类型中，各种类型并非并列关系，而是有着明确的边界。虽然一个人可以表现出多种类型的人格，但其中一定有一种主要人格。

这六种类型之间也存在三种相互关系，分别为相邻关系、相隔关系、对立关系。

（1）相邻关系。相邻关系是指霍兰德职业测评六边形中相邻两种类型的关系，比如RI、IA、SA、RC等。这些相邻关系的个体之间存在较多共同点，比如现实型（R）和研究型（I）的人都不善于交往，在工作环境中与他人接触的机会较少。

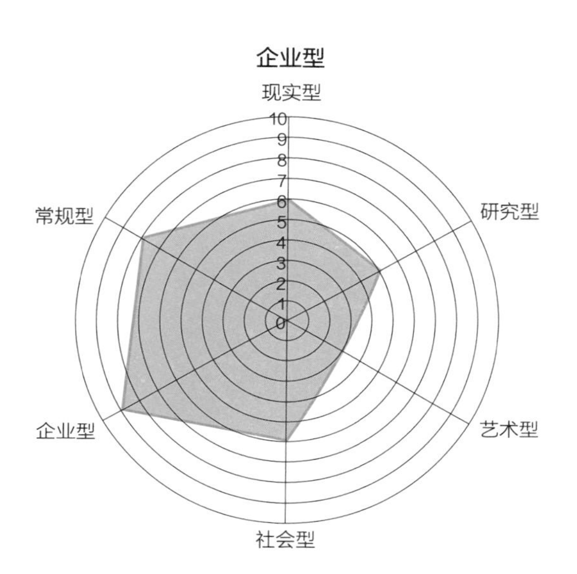

图6-1 霍兰德职业测评六边形（企业型）

（2）相隔关系。相隔关系是指霍兰德职业测评六边形中相隔一个类型的关系，比如RA、RE、IC、IS等。属于这些关系的个体之间存在的共同点较少，相互影响也不大。

（3）对立关系。对立关系是指霍兰德职业测评六边形中处于相对位置的类型关系，比如RS、IE、AC。处于相对关系的个体之间的共同点更少，甚至出现完全对立的关系，比如社会型（S）个体喜欢交往，而现实型（R）个体喜欢独立完成工作，不喜欢被打扰。这代表这两种类型的个体很难在同一工作环境中良好相处。

在正常情况下，我们会倾向于选择与自身兴趣类型相匹配的职业，比如现实型人群喜欢在实际劳动场所工作，常规型人群喜欢行政办公环境等。在这些与自身兴趣类型相匹配的环境中，个人潜能和个人价值更容易体现出来，未来发展也更容易规划。但在现实情况下，很多人的选择都存在问题，并没有完全匹配自己的兴趣类型来选择职业，而是以行业当前发展状态为首要就业标准，即哪个行业当下赚钱就往哪个行业里钻，当这个行业发展下滑时则开始思考转行，或者被行业淘汰。

霍兰德职业测评中有这样一个观点：职业选择的确无法完全依据兴趣类型来进行。受社会因素与职业需求的影响，个体在选择职业时会进行妥协，但妥协的方向首先是相邻的类型，其次是相隔的类型，最后才是相对的类型。如果单纯以短期收入为选择标准，盲目进入相对行业，那么我们工作起来就很难适应，更难从中找到快乐与成就感，甚至每天工作得十分痛苦，同时自己还要面临巨大的失业危机。

行业评估：你所在的行业能抗风险吗

如果说职业测评是我们测评职业发展的“人和”因素，那么行业评估就是在审视“天时和地利”。我们想要有良好的发展，想要事业有成，掌控人生，天时、地利、人和缺一不可。

我的职业生涯中有过一段教育培训的创业经历。中小学教育培训行业虽然市场庞大，需求旺盛，但有天然的劣势，那就是受政策影响极大。所以，虽然在2015年大量资本涌入，很多公司也力邀我加盟，但我仍然对行业的政策风险心有余悸。经历过创业起落的我不再凭着一腔热血去选择工作，而是会分析行业的前景，寻找天时、地利、人和的机会。2021年，教培行业的政策出台，千万从业者失业，无数机构破产，即便是上市的龙头企业的股价也缩减到高峰时的十分之一。

覆巢之下安有完卵。所以我会建议转行的伙伴尽量先分析行业的各种特征，然后树立正确的职业观，提高自身的职业素养，在行业中搜罗更多资源与人脉，之后再规划职业发展。

我知道，相比就业者而言，很多创业者具有一种强烈的自信，这种自信一是源于创业的欲望与勇气，二是源于所选行业的发展势态。创业自信十分重要，但千万不可盲目，因为我们的选择很容易影响自己一生的发展，正如我经常说的一句话：选择决定命运。

那么，我们应该如何审视行业，进行行业评估呢？我建议首先思考我们所在的行业是否能抗风险。如果一个行业的抗风险能力不足，那么我建议各位朋友不要将这一行业作为事业发展的唯一选择，否则很容易因一次行业动荡全盘皆输，让自己多年的努力付诸东流。

任何行业都需要面对风险，没有哪个行业能够永远保持安稳。

影视、餐饮和旅游行业都是非常优质的行业，但在新冠疫情三年中，这三大行业却损失惨重，破产倒闭的企业比比皆是。站在客观角度来分析，我们也不能把这种意外情况全部归责于“天灾人祸”，因为事实已经证明无论市场如何动荡，总有居安思危的企业能够屹立不倒、逆势生长。比如，老字号紫光园在新冠疫情中通过社群模式逆势拓展出100余家门店，南京知名淮扬菜品牌小厨娘通过品牌升级改造将市场从南京顺利拓展到北京。或许这些品牌企业的领导者、创始人还不是行业代表人物，但他们的作为已经充分证明，他们早已具备行业进阶思维。

评估我们所在行业的抗风险能力，其实并不复杂。不要把眼光局限在行业当前的发展势态之上，站在客观角度进行长远思考才能了解自己所处的行业能否抗住风险。

首先，思考所属行业的盈利性。商业管理界公认的“竞争战略之父”迈克尔·波特曾提出过一套“五力分析模型”，这套模型能够有效地分析行业的竞争环境。从“五力分析模型”出发，我们首先要关注所属行业的原有竞争者数量、新入竞争者数量、代替品的难易度、供应商和购买者的谈判能力。从这五个要素背后，我们可以发现所属行业的盈利天花板。如果某个行业的盈利天花板较高，则说明这一行业具备较强的抗风险能力。因为我们在这一行业从业、创业获得的财富能够支撑我们对抗风险，能够增强我们个人的风险应对实力。

其次，思考所属行业的特性。所谓特性，是指行业的优势以及不可替代性。比如IT行业，其特性是不受时间、地点限制，其不可替代性是为大众生活、工作创造的便捷。IT行业也是新冠疫情期间抗风险能力最强的行业，在这一行业从业、创业的人员受影响较小。

最后，思考所属行业的未来发展。抗风险能力强的行业一定是大众刚需、发展持久的行业。比如，餐饮业发展了数千年，且一直保持上升趋势，虽然经受过各种磨难，但作为大众刚需很难没落。另外，我们还需要学会动态看待行业发展，从多维角度考虑行业变化。比如，随着现代科技的发展，翻译、打字员、收银员等多个工种已经逐渐被电脑取代，未来人工智能可能会取代更多的工作者，包括码农、分析师、会计师等。虽然这些行业依然是大众刚需，但从趋势看依然存在被取代的风险。

行业评估是我们事业发展中未雨绸缪的重要一环，掌握了天时、地利、人和，才能够真正地掌控命运、掌握未来。

突破舒适圈，找到职业的第二曲线

经过仔细观察，我们就会发现很多人并非完全没有危机意识。部分人也能够认识到自己当前状态的被动，但依然选择忽视。这主要因为大多数人不愿跳出当下的舒适圈。即便他们明知这个舒适圈最终会崩塌，也会选择各种理由欺骗自己，继续沉沦。

当然，我并不认为这种心理完全是堕落心理。毕竟现代职场竞争压力巨大，跳出舒适圈等于挑战未知，这需要极大的勇气与魄力。回想自己的创业经历，我也曾多次犹豫。我知道我想要在事业上进阶和发展，就一定需要迈出这关键一步。最终，现实让我不得不离开原有的舒适圈。虽然跳脱之初感到痛苦，但我很快就感到海阔天空，空间无限，迎来了崭新的人生状态。

其实，跳出舒适圈并不代表我们失去了舒适的感觉。只要我们选择正确，这种事业发展的转折不过是逃离失业风险，进入自己感兴趣、终身受益的舒适圈而已。

另外，很多人当下的舒适圈其实并不舒适，有时候甚至会让他们感到一种无法摆脱的压抑和焦虑。但相比于舒适圈内的内卷和焦虑，我们可能会更害怕舒适圈外的未知风险。所以，我们选择了保持现状，屈从于习惯。我们待在这种舒适圈中，最后的结果大多是被失业“赶走”，或者在不属于自己的圈层内一生奔波，消磨激情。

很多人明知自己当下的选择存在问题，却仍不愿采取行动，正是因为缺乏折腾的勇气。因为在他们看来，跳槽、转行、重返校园都是人生重大的转折，如同事业的重新开始。

不过我想说，对于那些明知未来很有可能失业或被迫转行的朋友而言，我们至少应该为自己的职业转换提前做好准备吧。

待在舒适圈，永远无法进阶

在成长到一定阶段时，人会进入一种稳定状态。在这种状态下，我们不再为生计担忧，也无须承担巨大的职场风险，甚至可以从容应对生活，这也是成长过程中的阶段性成功。

从人生体验的角度来分析，这种状态是我们成长的收获，也是生活的幸福体验。但从成长的角度出发，这种状态并不健康，因为我们很容易陷入固定的舒适圈，从而失去成长的机会。

什么是舒适圈呢？表面上看，它是一种稳定、舒服、惬意的生活状态。可事实上，舒适圈是人在擅长的领域按部就班地生活、拒绝接触新鲜事物、拒绝成长的一种状态。冷静下来思考，舒适圈真的舒适吗？短时间内我们可能会产生这种感觉，因为大多数舒适圈能够带来轻松感，能够满足一时的生活需求。这时我们的生活看似令人羡慕，也能为自己带来成就感。

但是，从长远角度来分析，我们在舒适圈内很容易形成固定的生活习惯，挑战未知、勇于冒险的冲动会逐渐消退。试想，如果我们保持同一生活状态一年、十年，甚至更久的时间，我们还会感到舒适吗？我想更多人会认为这种生活应该有些可怕吧。

进入中年之后，我经常听到朋友感叹："回顾这十多年的日子，像过了一天一样。"我觉得这种感叹还不是最可怕的，可怕的是我们会发现自己已经与社会脱节、被身边的同龄人超越。此时，我们已经完全丧失改变、上进的勇气，只能选择继续在这种生活中沉沦，最终在叹息中一生碌碌无为。

今天的我已经被朋友视作一个"爱折腾"的人，这恰恰是我不愿在舒适圈沉沦的选择。其实我非常庆幸自己选择了这样的人生。正是因为喜欢"折腾"，习惯"折腾"，我的思维、我的人生才得以多次进阶，我才充分体会到生活和人生的美好。

回想自己还清债务、在教育行业高速成长的阶段，我也曾有过"舒适"的体验。当时，我每日的课酬已经能达到4000元以上，月收入超过10万元十分常见。那段时间，我开始有了满足感，在他人羡慕的眼光中感觉飘飘然。但一段时间后，我开始产生迷茫感，似乎已经失去成长的方向。我努力进行各种新尝试，可始终没有突破，甚至在面临人生选择时，无法第一时间分清对错。

后来，我开始对当时的生活状态产生厌恶感，因为我感觉自己成长的能力正在衰退。我不认为那是成长的瓶颈，因为在那段时间我没有遇到任何困难，对于各种问题都能够轻松解决，但恰恰是这种轻松让我产生了深深的不安。

在这种不满和焦虑的情绪中，我开始自省。我发现自己的生活已经进入了舒适圈，这种舒适的现状让我迷失了未来成长的方向。那段时间我的情绪十分不稳定，但始终找不到问题的根源，我甚至感觉自己已经处于崩溃的边缘。直到我意识到，自己在教育领域已经无法再寻求突破。于是，从韩国回来后，我毅然决定进入金融领域。在新鲜事物和未知的挑战下，我才重新找回了自己，也明白了待在舒适圈中弊大于利的本质。

我最关键的一次“折腾”就是自己从培训行业转入金融行业。在行动之前，我也曾犹豫、动摇，毕竟过去的8年里我都在教育行业发展。当时我对行业之外的一切都充满恐惧，但转念一想，如果自己现在不折腾一次，难道要等四五十岁时再面对更大的恐惧吗？由此，我坚定了折腾的信心。

进入金融行业后，我印证了自己选择的正确性。因为金融行业对专业的要求更高，更多分析类的工作更能激发我的兴趣。而且通过研究经济和市场的运作规律，我不仅可以更好地把握事物的发展方向，还可以获得资产增值的回报。

我常与人分享，转行就是为了更好地成长。在折腾之前，我们需要提前规划，对新赛道有足够的认知。比如，我选择转到金融赛道时，就对自己进行了职业测评，也对这一行业进行了评估。我了解到自己的兴趣点和行业的需要相匹配。另外，虽然金融行业存在周期波动，但它永远是经济发展需要的。最终我才下定决心转行。现在想来，我认为这种思考正是进入新赛道时需要注意的。

在进入新赛道之前，我理性地比较了新旧赛道的产能。无论在新赛道创业还是就业，人均产能决定了这个赛道长久的发展空间。想要在新赛道有所斩获，首先要确定这个赛道的人均产能足够高。否则，即便是在自己感兴趣的领域，我们也无法得到长远发展。

比如，线下教育培训行业从业人员的人均年产能为30万~50万元，从业者的收入天花板极低。企业想要有更大的发展，就需要扩大团队，采取人海战术。互联网教育行业因为可以打破时空限制，理论上边际成本可以减少到0，所以人均产能可以达到数百万元甚至上千万元。而金融行业更是如此。十来个人的投行团队协助完成一笔IPO就可以为公司创造数亿元的价值；一个股权投资人一笔成功的投资可能会获得几百倍的回报；一个优秀的基金经理则可以以一己之力创造几亿元的利润……

人均产能体现了从业者创造价值的可能性，也决定了从业者收入的天花板。显然我们应该从低人均产能的行业转移到高人均产能的行业。表6-2为2020年~2021年城镇非私营单位分行业就业人员年平均工资情况比较。

表6-2　2020年~2021年城镇非私营单位分行业就业人员年平均工资情况比较

单位：元，%

行业	2021年	2020年	增长速度
合计	**106837**	**97379**	**9.7**
农、林、牧、渔业	53819	48540	10.9
采矿业	108467	96674	12.2
制造业	92459	82783	11.7
电力、热力、燃气及水生产和供应业	125332	116728	7.4
建筑业	75762	69986	8.3
批发和零售业	107735	96521	11.6
交通运输、仓储和邮政业	109851	100642	9.2
住宿和餐饮业	53631	48833	9.8
信息传输、软件和信息技术服务业	201506	177544	13.5
金融业	150843	133390	13.1
房地产业	91143	83807	8.8
租赁和商务服务业	102537	92924	10.3
科学研究和技术服务业	151776	139851	8.5
水利、环境和公共设施管理业	65802	63914	3.0
居民服务、修理和其他服务业	65193	60722	7.4
教育	113192	106474	4.6
卫生和社会工作	126828	115449	9.9
文化、体育和娱乐业	117329	112081	4.7
公共管理、社会保障和社会组织	111361	104487	6.6

数据来源：国家统计局

这样的思考不仅让我最终决定进入金融行业，同时也让我开始注重个人品牌的打造。在不断自我提升的同时，我希望能帮助更多的人，用积极的人生观感染更多人，用深入浅出的经济知识讲解来丰富更多人的认知。2022年，美联储加息以及新冠疫情的冲击导致全球资本市场遭受较大的打击。然而，我的自媒体的影响力和知名度却逆势上升。

所以，我希望各位朋友能够及时醒悟。虽然，舒适圈能够带给我们一时的舒适感，但很容易延误人生成长。待在舒适圈只会让我们丧失进取心。只有及时跳出舒适圈，保持挑战未知的冲动，我们的人生才能不断进阶。

职业的第二曲线

前面提到我们成长到一定程度时，会陷入无须担心生计的舒适圈。这时，我们的发展可能会受到限制。只有跳出舒适圈，寻求更丰富的人生体验和职业体验，我们的人生才能持续进阶。在跳出舒适圈的过程中，我们往往能够发现职业的第二曲线。

其实，“第二曲线”是非常著名的事业发展论。西方管理学大师查尔斯·汉迪在《第二曲线：跨越“S型曲线”的二次增长》一书中提到：“任何一条增长的S型曲线，都会滑过抛物线的顶点（极限点），持续增长的秘密是在第一条曲线消失之前，开始一条新的S型曲线。此时，时间、资源和动力都足以使新曲线度过它起初的探索挣扎的过程。”

职业第二曲线可以被视为我们职业的“新生”，是我们人生进阶的一个重要标志。我们可以把职业第二曲线视为职业生涯的重新规划。当我们具备了一定的资源基础、技术基础和社会认知基础后，职业规划自然就可以升级。这时，我们便可以激活自己的职业第二曲线，如图6-2所示。

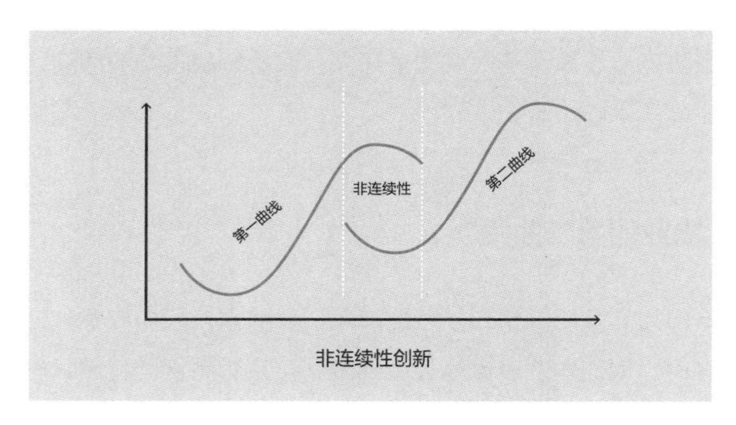

图6-2　职业第二曲线图

从人生成长的角度来分析，我们从事的每一个行业、任职的每一个岗位都存在天花板。或许天花板的高度不同，但随着我们的不断成长，我们一定会遇到。很多时候当我们在某一领域、某一平台达到高光时刻时，就代表我们即将触碰当前的天花板。有些人对职业天花板缺乏正确的认知，或者沉浸在自己的高光状态没有意识到天花板的到来，这才导致了众多成功人士也会遭遇中年危机，甚至在危机中不知所措，一蹶不振。

所以，职业第二曲线是我们都需要思考的事业发展问题，同时也是很多人需要面临的重要抉择。我曾与很多人分享，职业第二曲线不是所有人都愿意面对并接受的一条曲线。因为我们在事业辉煌的时候往往不愿意思考在另外一个领域再规划另外一条曲线，而且这一曲线远低于当下的事业曲线。

不过，这的确是我们无法逃避的问题。因为当我们的职业第一曲线触顶之后，我们需要面临的更多是下坡路，这是我们不愿面对但不得不面对的事实。试想，当我们在一家企业做到高管时，或者在一个行业成为头部IP时，我们需要面对的是什么？更多是如何不被下属超越，如何不被他人替代。的确，这段时间我们光鲜亮丽、令人羡慕，但冷静思考当下的处境后也会压力倍增。所以，与其被动接受高光时刻后的下坡路事实，不如在还未登顶时早做规划，及时激活自己的职业第二曲线。

有些人会说难道我们不能一直维持高光时刻，霸占行业顶点吗？这一问题从时代更迭的洪流中完全能够找到答案。我对此的回答为：难，非常难，难过我们开辟职业第二曲线。

任何时代的发展都是新人换旧人的过程，这是不变的趋势，市场发展的法则。我们用这样一个比喻来理解这个道理。想必大家都登过山，山顶的风景确实很宜人，让我们感觉一览众山小。但山顶的位置有限，当我们登顶后看到的更多是山腰的登山者在源源不断地向自己袭来。随着登顶人数越来越多，山顶的位置会变得越来越紧张，如果我们选择一直固守山顶，则面对的压力会不断增大。直到被后来者挤下山顶，以被动姿势走上下山的路，这时往往伴随着巨大的危险。

所以，我们需要在即将登顶的时刻开始寻找第二座更高、风景更美的山峰。在浏览过当下山顶的美景、享受过成功攀登的喜悦后，我们应该及时规划安全的下山路线，并利用自己总结的登山经验再登新高。

由此可见，职业第二曲线也可以被视为事业发展的未雨绸缪或者人生进阶的长远规划。在这一过程中，我们还需要注意，寻找职业第二曲线不一定是转行，而是另辟蹊径的发展。寻找职业第二曲线可以是更换平台，也可以是变更当前的行业定位。激活职业第二曲线的路径与方法十分丰富，我们可以找到更多选择。

我分享职业第二曲线内涵的目的，是希望更多朋友建立职业规划的观念，与其被动接受，不如主动突破。职业第二曲线的开辟和激活是一个不破不立的过程，所以我才会将其定位为职业的“新生”。

试想，为什么很多一线演员开始经商？这正是激活职业第二曲线的主要表现。因为随着年龄增长，即便演员的演技依然在线，也难逃走下坡路的发展趋势。这就是为何很多知名演员表示“请多给我们这些中年演员一些机会”的原因。

其实，现实就是这么残酷，职业高光的背后更多是危机与落寞。如果我们不在第一曲线稳定期或上升期思考第二曲线，就很容易在经历了高光之后马上遭遇职场危机、中年危机。企业同样需要开辟第二曲线。看一看当代商业市场的知名企业，它们的领导人都能够意识到第二曲线的重要性。比如，提及美团我们马上能够联想到外卖，但我们是否记得它其实是一家团购网站；提及腾讯我们马上联想到微信，却忘记了腾讯起家的QQ；提及小米我们马上会联系到手机，却不知道小米公司在汽车产业正发展得如火如荼。从这些著名企业的举动中我们可以看出，各位商业大咖都在努力激活自己企业的第二曲线，从而夯实品牌优势。

人到中年之后，或多或少都能够意识到职业第二曲线的重要性，所以当代中年人比年轻群体更爱折腾。我非常敬佩这些敢于走出舒适圈的朋友，因为这一决定既是对自己的鞭策，也是对未来的敬畏。不过我发现很多人不知道如何开辟自己的第二曲线，虽然一直在折腾，但一直没有任何进步。

比如，目前很多人的职业生涯变动，不过是从一份工作更换到另外一份性质相似的工作，在这一变动中他们的职业发展并没有太大变化，唯一变化的不过是薪资。我认为这种职业变动并不能称为职业的第二曲线，因为从职业发展的角度出发，这类变动只会让职业曲线发生上下起伏的S形变动，整体高度并没有发生变化。

结合上面我为大家梳理的职业第二曲线的正确观念，我们可以继续深入探讨如何激活自己的职业第二曲线。其实，在职业第一曲线发展稳定后，在事业上升阶段我们就可以开始寻找职业第二曲线的起点了。正如图6-2所示，第二曲线的起点并非第一曲线的顶点，而是在第一曲线即将登顶的关键发展阶段。所以，当我们事业发展顺利、不断上升时，我们应该具备居安思危的思维，及时识别当前事业的天花板在哪里，并在职业第一曲线到达顶点前做好开辟第二曲线的准备。在这里我分享一个真实案例，帮助大家了解开辟职业第二曲线的正确思维。

我有一位金融行业的朋友。他上学期间属于优等生，而且是名校毕业的研究生。毕业后，他进入了我们公司，最初负责投资顾问领域的工作。投资顾问的主要任务是将销售人员与产品资源有效地连接起来。他在这一领域表现得十分优秀，短短一两年内就成了公司的部门主管。那段时间，他每天都意气风发，在同龄人眼中博得了无数羡慕的眼光。

不过，在最初与他相识开始，我就提醒过他，虽然投资顾问的工作的确适合他，但这种工作的天花板比较低，他应该为自己的职业生涯做长远打算。但是他并没有听进去，尤其是在投资顾问领域达到高光时刻后，整日沉迷于高光状态，沾沾自喜。在随后的数年时间内，他一直在原地踏步。直到28岁那年，他终于意识到问题的严重性，因为当年同一批进入公司的同龄人都已经超越了他。那时他才开始思考职业第二曲线的问题。

最让人遗憾的是，他虽然意识到了职业第二曲线的重要性，但没有真正认识到何为职业第二曲线。当时他做出的决定是离开公司，到一家国企类保险公司继续做保险投资顾问。理论上，更换平台是为了提升天花板的高度，但从投资顾问的专业角度出发，金融领域的投资顾问工作内容更加丰富，而保险类的投资顾问工作内容则比较专一。所以他虽然更换了平台，但事实上却降低了专业领域的天花板。而促使他做出这一决定的因素只有一个，就是收入。

在随后五年多的时间中，他一直在这家保险公司工作。在这五年中，我听到最多的就是他的抱怨，抱怨工作无聊，抱怨部门内卷，抱怨晋升无望，等等。我曾不止一次提醒他，你最应该抱怨的是荒废青春，是对职业长远规划的缺乏。

前段时间，他给我打电话，说自己准备转行做销售。我以为他终于意识到应该开辟自己的职业第二曲线。但问及为何要转行做销售时，他回答："每次我都努力帮销售人员和客户洽谈，但客户的提成收入的95%都被销售人员拿走了，而我只获得了剩余的5%，我认为不公平，所以决定做销售。"

听到这一回答后，我忍不住批评道："每次你换工作时都会以收入作为第一标准，你有没有意识到，你工作换得越多，收入越低？你还不明白其中的道理吗？你已经33岁了，而你当前的职业规划重点依然是哪个岗位收入更高，你有没有想过自己一生的事业究竟是什么？你有没有意识到自己即将面临中年危机？我觉得你需要明白两个关键点。

"首先，你是否了解自己具有怎样的能力？这是你事业发展的重要基础。其次，你是否对事业发展有一个清晰的定位，你选择的工作能够支撑你一直发展到40岁、50岁、60岁吗？如果不能，你需要怎样提升自己的能力？

“你现在准备转行到销售岗位，你只看到了销售人员的收入，你自身具备做销售的能力吗？能力才是一切问题的关键。以我对你的了解，你现在并不适合做销售，因为做销售需要建立良好的人脉关系，这恰恰是你最欠缺的。

“你在领域内的专业度比较高，这是支撑你的事业不断上升和发展的关键。试想，当销售人员带着客户与你对接时，你能够表现出远超他人的专业度，你的观点能瞬间得到客户的认可，给客户更好的价值体验，这就是你的能力最大的价值体现。拥有了这一能力，你才拥有选择更大平台的机会。

“另外，在这五年的时间里你的能力并没有增长，这才是你最应该弥补的。我认为你的职业第二曲线并不是销售，我建议你全面提升投资、税务、法律三个方面的能力，并且从投资、税务、法律三个方面去为客户进行全方位的资产配置，这才是你突破当前天花板、开辟职业第二曲线的正确方法。”

分享这个朋友的经历是想让更多人明白，寻找职业第二曲线并不是简单地转行或更换平台，关键在于你是否看到了这第二条赛道的发展路径、底层逻辑，以及在新赛道触碰天花板所需的能力。同时，我们也需要认真思考这一能力是不是你擅长的，以及你是否愿意付出更多精力提升这种能力。这才是开辟职业第二曲线的正确方式。

所以，我经常与朋友分享，开辟职业第二曲线需要知己知彼，而不是盲目地试错尝试。一旦我们有了这种认知，就能够找到开辟职业第二曲线的最佳方式。以我上面提到的同事为例，在看清自己的能力所在之后，他完全没有必要转行，更换公司同样可以实现自己职业第二曲线的跃升。

总体而言，在这个多变的时代，平稳的背后往往隐藏着危机，没有永恒的舒适圈。因此，开辟职业第二曲线是我们长期发展、健康成长的重要选择，也是我们人生进阶的重要表现。跳出舒适圈，激活职业第二曲线，我们的人生才能与众不同，先人一步。

转行是重新出发，绝不是彻底清零

我与朋友分享职业第二曲线时还会说这样一句话："没有能力增长，转行就是一地鸡毛。"这句话包含两个方面的意思：一是如果我们不提升自己的能力，而是完全依靠以往的经验、思维在新行业、新领域探索，则很难开辟自己的第二曲线。因为转行大多是一种职业环境的颠覆，以往的经验、能力是否适用完全未知，所以如果不提升自己的能力，则很难在新行业、新领域展现全新面貌。二是如果我们在新行业、新领域始终得不到能力提升，无法展现更大的价值，则代表职业第二曲线开辟的失败。

我总结出“没有能力增长，转行就是一地鸡毛”这句话主要是因为，很多人在开辟职业第二曲线时存在一种思维误区。比如，有些人在遇到职业瓶颈时很容易陷入消极心态，进而容易否定各种事实，如否定企业领导、否定公司发展前景，甚至否定整个行业，然后开始思考通过转行开辟自己的职业第二曲线。

其实，虽然我个人通过转行激活了职业第二曲线，但我始终认为转行是迫不得已的选择。当自己所处行业已经毫无希望，或者我们已经无法适应行业变化时，才会选择转行。如果不是这样的情况，我希望大家尽可能在自己原有的领域或者大行业中开辟职业第二曲线。下面我就为大家分析一下定位职业第二曲线的具体方法。

首先，开辟职业第二曲线可以选择换公司。那么什么情况下我们需要通过更换公司来开辟职业第二曲线呢？当我们已经是这家公司的高层管理者，无论能力如何提升自己也无法获得相应发展时，我们就需要考虑更换公司。因为这代表这家公司的发展速度已经跟不上我们的节奏，或者这家公司已经无法满足自己的需求。这才是更换公司的正确时机。如果我们因为与同事相处不利，或得不到领导赏识而换公司，那大多代表自己能力不足，即便我们到新环境中往往还会遇到相同的状况。

我希望大家学会用长远的眼光看待公司发展，不要只在乎自己的直属领导如何。如果公司整体发展形势良好，但直属领导存在问题，则我们可以在公司其他领域寻找展现自身价值的舞台，而不是因为直属领导的问题浪费自己的发展机遇。

当我们确定需要更换公司时，就需要站在职业第二曲线的角度思考定位问题。在这里需要注意一个关键点，这就是公司之间的平台跨越不能以公司大小来衡量。比如，当前的公司已经无法满足我们的发展需求，并不代表我们就需要选择更大的公司，一些创业型小公司也不失为正确选择。因为我们摸到原来公司的天花板后，就已经具备了一定的实力，已经能够满足一些小公司的重要职位的要求。在这些小平台上，我们能够得到更多历练，能力增长的速度也比较快。再比如，我们是专业技术人员，个人成长需要公司层面的支持，在更换公司的过程中，就需要以资源优势更突出的大公司为目标。总体而言在更换公司的过程中，我认为不同类型的人需要注意不同的点，但一定要具备长远的眼光。

其次，我们从转行的角度分析应该如何开辟职业第二曲线。从行业发展角度来分析，任何行业都遵循生命周期循环的规律。一般行业生命周期的变换阶段为：发展初期、快速上升期、成熟期，以及衰退期。其中衰退期并非代表行业被终结、淘汰。因为行业也会迭代，迭代之后这一行业又会从发展初期开始轮回。比如互联网行业，从单向传播的1.0时代升级到双向互动的2.0时代，再跨越至全方位互动的3.0时代，每一个时代都经历了这四个阶段。

通过转行开辟职业第二曲线时，我们最需要关注的就是行业处于哪一阶段。其中快速上升期是最好的选择，如果能够赶上这一时期，转行不仅会十分顺利，我们还可以享受到行业发展红利。正如当年雷军所说：风口之下，猪都可以飞起来。这就是快速上升期带来的优势。

处于不同人生阶段的人，在选择行业时有不同的参考标准。比如，对于刚刚进入职场的新人而言，我会建议其选择处于快速上升期的行业。因为年轻人的职业生涯还很长，如果进入格局已经成型的成熟期行业，则未来的发展空间有限。他们往往只能熬资历，这对年轻人的成长是不利的。

对于30岁之后的青年人和中年人，既可以选择进入处于快速上升期的行业，也可以选择留守处于成熟期的行业。这些人在遇到行业和职业发展的天花板后，可以选择进入方兴未艾的新兴行业，凭借自己的经验在新领域快速崭露头角。当然，他们也可以选择进入成熟行业，尤其是对于中年人来说，他们的职业生涯已经过半，加上有经验有能力，如果能够在格局相对稳定的成熟行业抓住合适的岗位，也可以实现职业第二曲线的跃升。

只是，成熟行业的竞争一般都是存量竞争，所以竞争激烈，内卷严重，我们必须要根据自己独特的优势走出与众不同的道路。

以我为例，当初我离开教育行业时已经在这一行业打拼了十余年，我的主要能力体现在线下教育当中。虽然当时我已经达到了职业的高光时刻，但我的内心充满了危机感。因为我充分意识到互联网时代到来后，线下教育领域正逐步走入衰退期。

当初我决定进入金融行业时，这一行业也已经度过了快速上升期，不过我能够看到这一行业拥有一个漫长的成熟期，足以支撑我未来的职业规划。加之这一行业所需的能力与我的能力相契合，所以我坚定了转行的信心。

虽然信念坚定，但在选择进入金融行业时我并不盲目，我咨询了北大职业中心导师的意见，也进行了行业分析和职业测评，之后开始深度分析金融行业的特点，并对比自己需要提升哪些能力。

成熟行业的竞争压力较大，成熟的金融行业更是如此。刚刚转行的那段时间，我几乎举步维艰，为了能够在这一行业立足，我必须步步为营，一点一点充实自己、提升自己。那段时间也是我创业失败后最艰难的时期，身处人生低谷，在一个全新的领域挣扎，那种痛苦与折磨我至今都记忆犹新。

当时，有一部电影让我产生了深深的共鸣，那就是威尔·史密斯主演的《当幸福来敲门》。这部电影让我产生共鸣的原因是我与电影主角的境遇极其相似，我们都是在人生最艰难的时期开辟职业第二曲线，而且选择的方式都是转行。在电影中，威尔·史密斯最初从事医疗器械销售工作，但一次错误的商业决定让其瞬间破产，妻子也离开了他。当时的威尔·史密斯身无分文，生活悲惨。这时，他看到华尔街证券公司里的人都意气风发、身价丰厚。他对这种生活和这一行业产生了深深的向往。

为了进入这些证券公司，他拼尽全力，在被面试官一次次拒绝后也没有丝毫放弃的想法。终于，在无数次努力下他获得了一次实习机会，但实习期没有任何工资。

穷困潦倒的威尔·史密斯非常珍惜这次机会。这段时间，为了生活，他每天都需要带着儿子工作，还要到桥下抢福利救济。最艰难时，他甚至带着儿子在地铁站的厕所过夜。在工作中，他认真对待每一个工作细节，不断提升自己的能力。最终，凭借自己的努力，他成了数十名实习生中唯一通过的一个。

我刚进入金融行业那段时间也经历了类似的痛苦。当时，我背负着巨额债务。作为行业新人，我能够拿到的微薄工资甚至不足以支撑我的生活。面对生活的压力，我每天一边学习金融行业知识，一边做兼职，在努力还债的同时我开始在金融行业做长远规划，思考自己在这一行业的发展前景。就是在这样的磨炼下，我逐渐成长为行业专业人士，并考取了诸多行业资格证书。正是因为有这样的亲身经历，我才会与朋友分享，通过转行开辟职业第二曲线之前我们一定要找到转行的意义。因为对于开辟职业第二曲线而言，转行的方式较为极端。只有具备异于常人的毅力，以及坚定的决心，我们才能够确保转行成功。

正是因为有了这段经历，我对转行以及开辟职业第二曲线的感悟才更加深刻。对于大多数30岁以后的职场人士而言，转行是一个痛苦的过程。但转行绝不是彻底清零，而是职业第二曲线的重新出发。在这个过程中，我们需要牢记两个关键点：一是转行之前，我们要知己知彼，既要了解自己的能力点，又要了解新行业的需求点，明确自己为了满足行业需求需要提升哪些能力。二是进入新行业之后，我们要有明确的职业规划。我个人建议至少规划五年之后的发展，让自己在明确的方向中有目标、有策略、有毅力地提升能力，只有这样才能够真正转行成功，并在新行业中再创新高。

塑造斜杠思维，打造个人品牌

在职场规划中，我们需要具备斜杠思维，并利用斜杠身份提升自己的职场抗风险能力，为自己的成长、发展、规划提供更多选择。提及斜杠思维，很多朋友会问："进入社会后，我一直沉浸在单一领域，没有做过职业体检，也没有进行过霍兰德职业测评，此刻再塑造斜杠思维是否来得及呢？又应该如何选择斜杠身份呢？"

对此，我的回答是，打造斜杠身份永远不会过时。只要我们现在行动，就能够提升自己的职场抗风险能力。至于如何选择斜杠身份，则可以根据霍兰德职业测评定位方向，之后进行发展。

在斜杠思维之上，我们想要在多个领域获得深入发展，可以通过打造个人品牌的方式进行。在流量为王的自媒体时代，个人品牌拥有巨大的商业价值，能够帮助我们顺利激活职业第二曲线。

多重身份有多重要

巴菲特曾说过一句话："人生就是一个不断抵押自己的过程。"我们站在职场角度来思考，巴菲特所说的抵押是指什么呢？不只是财富资产，还包括我们的人脉资源、个人品牌、时间、能力专长等。这些资源越丰富，我们成为人生赢家的资本就越多。

打造多重身份无疑是提升这些抵押资源的有效方式。我结合自身经验将职场多重身份的重要性总结为以下两点。

1. 增加职场选择权

当代主流的斜杠模式就是工作加爱好。工作能够为自己带来稳定的收入，而爱好则可以带来生活乐趣。同时保持这两种身份能够提高生活幸福感。当一个人的爱好能够创造价值，带来更多稳定收入时，他的职场选择就会开始发生变化。他的个人精力会从无法带来乐趣的工作大幅向爱好领域转移。这种斜杠身份为我们当下的职场生活带来了更多的选择权，可以视为一种人生规划或者跳槽的方式。

2. 提升从业效果

某些斜杠青年或斜杠中年会同时从事多份工作。或许有人认为这种从业方式会消耗大量时间，把自己束缚在各种工作当中。但事实却是大多数斜杠青年、斜杠中年更加自由，因为他们可以同时做两份或更多的工作，从而提升从业效果。

以我为例，我同时拥有首席投资官、财经自媒体人、财经讲师等多重身份。在经营这些身份的过程中，我可以和平台用户分享金融投资经验，从而获得更多的关注与影响力，也可以在与粉丝的互动中获得更多建议，甚至收获意想不到的资源和机会。

如何经营自己的身份

经营多重身份、打造个人品牌其实并不复杂。我们不要认为自己的事业平庸、生活平凡就无法打造个人品牌。其实，个人品牌只是一个身份符号，每个人都可以拥有自己的个人品牌。我们需要做的就是在自己的身份中打造出这一符号的独特性。

首先，我们需要树立打造个人品牌的意愿，在自己擅长的领域寻找独特点，之后将其体现在各种身份当中。

我正式着手打造自己的个人品牌是在2012年，当时是自媒体时代发展初期，我对微信公众号和微博产生了兴趣。尤其在看到一些讲师朋友的微博、微信公众号拥有数万粉丝后，我深知个人品牌时代已经到来。于是，我便尝试注册了一个微信公众号。不过当时自己缺乏职业认知，对未来的定位相对模糊，所以在很长的一段时间里，我始终无法找到个人品牌打造的方向。在这段时间内，我先后尝试了高管培训、领导力学习等多个领域，却没有坚持下来。

直到2016年，在转行进入金融领域后，我发现金融和财经领域的很多知识和信息都是传递给专业人士的，大量的专业术语给普通人带来了巨大的阅读障碍。但其实这些财经知识和事件又跟每个人息息相关。而我的财经知识背景加上多年讲授财经知识养成的深入浅出讲解的习惯，非常适合用自己独特的方式写出普通人也能看得懂的财经解读文章。因此，我开始尝试写了一篇关于人民币汇率的文章，就是这篇文章获得了7000多的阅读量，也让我收到了大量留言评论与私信。这也让我最终确立了个人品牌打造的方向。2020年，新冠疫情暴发后，我开始正式运营自己的微信公众号。经过几年的努力，我的微信公众号就收获了50多万粉丝以及5000多万阅读量，并进入微信公众号前100强。

所以打造个人品牌时最重要的是要找到自己可以分享并且能给别人带来价值的细分领域。我国拥有庞大的互联网人群，哪怕切入一个很小的分支，只要有自己的特色，也能收获不少的粉丝。

其次，打造个人品牌一定要找到正确的角色。斜杠思维下我们拥有多重身份，但并非每个身份都适合打造个人品牌。我们需要思考哪一身份最能够体现个人价值，就可以以这一身份持续输出内容，坚持分享。千万不能浅尝辄止，只有坚持让更多人看到我们的身份，我们才能够成为行业或领域的IP。

最后，打造个人品牌一定要找到个人差异，即个人的身份与他人相比存在哪些不同点，拥有哪些亮点。以我为例，我得以在金融行业打造个人品牌，是因为我的讲解思维不同。我能够站在长远、进阶的角度为平台用户输出内容，并用普通人最容易理解的语言和方式提供价值，所以我的个人品牌才能够如此鲜明。

打造个人品牌最忌人云亦云的模仿，跟随热点或许能够得到一时关注，但无法长久。只有认清自己，找到个人差异，把自己的特点和独特优势放大，我们的个人IP才有含金量，才能够被他人长期关注与认可。

 你也可以拥有个人品牌

很多人不理解，到底个人品牌如何创造品牌价值呢？

1.拥有个人品牌的人能够获得行业话语权

其实不只是在自媒体平台，任何行业中的头部IP或知名IP都拥有行业话语权。因为个人IP通过为用户、粉丝、观众创造价值就能获得信任，其发表的观点能够吸引更多行业关注。

以我为例，我在金融行业的个人品牌已经具有了品牌价值。我在餐厅和旅游景点经常会被粉丝认出来。另外，也有很多理念相合的金融机构和我开展合作，邀请我为他们的客户做投资者教育和分享。我也被邀请成为家乡高校的客座教授。这都是个人品牌为我带来的品牌价值。

2.拥有个人品牌的人能够享受品牌权益

在自媒体时代，个人IP能够在各种渠道传播信息。只要拥有

身份标签，就能够收获流量，享受品牌权益。

2021年，一位粉丝突患癌症，下颌骨需要被切除，但他仍然坚持学习和参加一级建造师考试。在了解他的坚持和面临的困难之后，我尝试在微信公众号发起了募捐。短短几天，这次募捐就收获了十多万元善款，帮助粉丝完成了手术。个人品牌让我有能力帮助更多的人，为弱势群体发声。

令人欣慰的是，这位粉丝在病情得到控制之后开始做起了抖音，也开始做自己的个人品牌，因为他深刻地体验到了个人品牌的价值。

我的一位朋友是地产圈的大IP，坐拥200万微博粉丝。一次他在某五星级酒店住宿时有了非常不好的体验。一气之下他把自己的经历分享在微博里，很快就得到了很多有类似经历的粉丝的支持和转发，相关部门也很快关注到此事并积极介入。酒店管理方在第二天就开始调查和整改。个人品牌可以让不良的服务和产品更及时地被曝光，让问题得以尽快解决。

3.拥有个人品牌的人能够进行商业价值变现

商业价值与行业话语权不同，商业影响力能够直接转化为商业价值。比如，我的微信公众号在相关平台已经达到不低的估值，虽然我的微信公众号完全不接受广告合作，但我仍然获得了与不少金融机构的战略合作机会。可见打造个人品牌本身就是一种职业选择，这种方式能够为我们带来商业价值变现。

自媒体时代是一个适合我们打造多重身份、塑造斜杠思维的时代，我们每个人都需要在不同领域创造更大价值。打造个人品牌是时代发展的大势所趋，走上了个人品牌的打造之路，我们就拥有了获得个人品牌的权利。

如何实现职场转型，从雇员到合伙人

品牌价值不是斜杠思维的唯一红利，通过斜杠思维现代职场人士还能够顺利转型，完成从雇员到合伙人的蜕变。

经过几年的努力，我不仅成了一家顶尖教育集团的副总和合伙人，同时还和朋友在香港成立了自己的金融投资公司，登上了国际金融市场的舞台。

我还有一位十分励志的朋友，他是我从事教育行业时的一位同事。我还记得他当初表现得默默无闻，虽然工作兢兢业业，但没有任何特点，对未来的发展也没有任何规划，以至于我一度认为他已经中年躺平。他留给我唯一的印象就是幸福奶爸，他与我们交流最多的话题就是孩子，几乎每天会拿出手机向我们炫耀自己的“小公主”。我一直认为他习惯躲在自己的舒适圈内，却不想默默无闻的他已经在家庭教育领域找到了更大的价值杠杆。

我转行进入金融行业后，与他有过一次偶遇。当我与他进行寒

暄时，他竟然说道："我最近和朋友一起开了一家公司。"或许是看到了我诧异的表情，他又解释道："其实也不是我的想法，朋友硬拉着我一起干，不好推脱。"在随后的沟通中我了解到真实情况。这位奶爸一直在朋友圈、自媒体平台分享自己女儿的成长，并把自己的育儿经验介绍给观众。他前卫的育儿思维引发了很多父母的共鸣，他也逐渐成长为这一领域的大V。

他有一位朋友经营着一家教育公司，其中家庭教育就是这家公司的主要业务。当他的朋友发现身边有这样一个宝藏时，自然盛情相邀。就这样，我的这位朋友从普通员工一跃成为朋友公司的优质"合伙人"。

了解到这件事之后，我经常把这位朋友的经历分享给他人，因为在一个全民IP化的时代，你不需要是知名人物，只要你能输出独特而有价值的内容，你就可以成为IP。

这又让我想起了很多其他朋友。有些朋友也曾怀有职场发展、商场创业的豪情壮志，但更多人在一次次职场意外中逐渐躺平。真正坚持到底、越挫越勇甚至一鸣惊人的朋友，大多具有斜杠思维，他们通过更多正确的选择斩获了事业成就。总结而言，这就是最符合现代职场特色的进阶思维。

第 7 章

家庭进阶：经营你人生的港湾

家庭是我们人生的基石，也是我们成长的港湾。一个幸福的家庭能为我们带来比亿万财富更多的快乐、温馨和安定感。不过，想要实现家庭进阶并不是一件容易的事情。要处理好配偶之间的分工合作，平衡事业与家庭的关系，还有更重要的孩子教育问题，这些都是构建完整家庭进阶体系的关键。我们需要投入时间和精力去经营家庭，为人生增添浓郁的色彩。

为自己建设一个良好的家庭支持系统

“人因宅而立，宅因人得存。人宅相扶，感通天地。”幸福的家庭，并不在于房子有多大、汽车有多贵，而在于夫妻双方主动且乐于承担家庭责任，给予孩子正确的陪伴和教育，让每个人都可以在松弛的状态下感受家庭的温度。有了温暖的家，才有更加充实的灵魂。

 什么是松弛感的人生

我知道，很多年轻人不想结婚，而很多中年人则对家庭生活感到恐惧。现实也的确如此，与我年龄相仿的中年人需要面对的烦恼着实太多了。无休无止的工作、看不到头的忙碌，还有为了家庭而不得不焦虑的情绪。下班回家，有些人会在车里坐着久久不愿下车，只想留给自己多一点独处的空间。温馨的家庭是心灵的疗愈所，但没有经营好的家庭却可能是情绪崩溃的引爆器。

我们深知，这种僵硬的紧绷感是不利于人生的，它不仅会让自己陷入盲目的忙碌，还会让身边的人也会被自己影响，导致工作、

家庭关系一团糟。

难道松弛感的人生，只是小说或电影里的场景吗？

成年人的崩溃往往只在一瞬间。内卷的工作、迷茫的前途以及失控的家庭关系都会带来巨大的压力。但其实，这三者就是我们背负的三种责任：对事业的责任、对自己的责任以及对家庭的责任。责任的叠加和碰撞让我们难以松弛下来。

那么，我们该如何做出改变，让自己松弛下来呢？首先，我们要有这样的意识：松弛感不是来自对责任的逃避，而是来自对责任的承担。经营事业如此，陪伴家人、教育孩子也是如此。

对于那些刻意想要逃避的责任，我们都知道：越是逃避，问题就越是积累，解决的难度也会越来越大。例如，当家庭关系出现小问题，选择“逃离”一个星期不回家并不是解决问题的好方法。这样做只会让你与爱人之间的矛盾进一步加深，家庭关系越来越差，最终变得难以控制。无论家庭、事业还是个人成长方面，一旦选择逃避责任，我们就会面临更大的困难和痛苦。

逃避责任不仅无助于问题的解决，还会让我们的内心受到谴责，与“松弛感”的距离更加遥远。因为我们深知：那些想要逃避的责任，就是我们需要解决的问题！明知道自己应该承担责任，但却选择逃避，这会让我们产生强烈的内疚感和无助感。在这样的状态之下，我们如何收获“松弛人生”？

敢于主动承担责任只是收获松弛感的第一步。更重要的是，我们要从责任中收获快乐。

其实，承担责任的过程，不就是我们收获成就的过程吗？我也一样需要承担养家、照顾孩子、赚钱的责任，但是如果我抱着“苦大仇深”的心态来面对家庭、面对事业，那么也许短时间内我会表现得很出色，但是一旦将时间维度拉长，我就很难再坚持下去了。

以教育孩子为例。我的儿子从小体弱，一直处于家人的万般呵护下，所以直到5岁时他的交际能力还有一定欠缺。改变孩子的这种情况是父母的责任。如果我采用训斥乃至打骂的手段，那最终的收获会是什么？恐怕我和孩子都会陷入无尽的对抗之中，孩子恐惧，我焦虑。

所以，对这份责任，我的方法是“沟通”，多与孩子交流，鼓励他多说话、多表达自己，先与我和妻子建立一个正确的社交模式。接下来，我和妻子会教给他一些社交的技巧与方法，鼓励他与其他小朋友多交往。我们还主动邀请有同龄小朋友的同事一起出游，让孩子习惯和同龄人交往。渐渐地，儿子走出了过于社交恐惧的困境，他很高兴自己的改变，我与妻子也为他的成长感到欣喜。在这样的状态下，我们能够快乐地承担责任。

教育责任如此，事业责任同样如此。很多关注我的微信公众号的朋友都知道，每年开篇，我都会写一篇年度总结与计划。其实，这就是我给自己的一个心理暗示：这些计划是我的责任，完成这些计划，我自己就会有一个明显的进步！主动学习并不是一件容易的事情，生活中有太多更轻松的东西等着自己。但是，如果我可以看到承担责任后获得的收获，那么我就不会被外界的声音影响，投入“种下种子，等待收获”的状态之中。

当然，想要获得松弛感的人生，不仅需要自我的内心调整，还需要与身边的人形成“配合”。尤其是对于家庭来说，只有夫妻之间、家长与孩子之间形成“意识默契”，才能让整个家庭都笼罩在松弛感之中。

我与妻子就达成了这样的“意识默契”，尽量保证我们都能够处在一种心灵松弛的状态。对于孩子的教育问题，我和妻子采用“互相合作”的模式，彼此照顾对方的时间，做好教育分工，通过“时间差”来完成教育孩子的责任。当我比较忙碌时，妻子就会承担教育孩子的主要责任，学业上的辅导主要依靠妻子；但当我进入时间较为充裕的阶段时，我就会主动将教育孩子的责任接过来，与孩子进行思想交流，更着重素质培养，我会带着孩子探索自然，感受世界。

这种配合，让我和妻子都完成了自己的责任，且没有耽误自身的工作。所以虽然教育孩子很辛苦，但我和妻子、孩子都乐在其中，我们收获到了自己最渴望的松弛感。

当然，想要实现人生的松弛，就必须做好时间上的规划。有条不紊带来的收获感，要远比“灵活机动”更加让人舒坦。

我相信，很多人都有这样的经历：晚上回家，打开书准备学习一个小时，这时候孩子忽然在学习上遇到问题，我们不得不放下书辅导孩子。哄完孩子睡觉，又想到明天有一份项目计划书需要上交，于是不得不打开电脑忙工作，看书学习的事情只能放弃。倘若每一天我们都被各种突如其来的事情塞满，那么无论我们如何积极给自己“灌心灵鸡汤”，也不可能收获内心的平静，松弛感的人生永远与自己无缘。

其实我们知道：这些所谓的“突如其来”的事情，很多都是必然会出现的，只是我们从来不愿意规划自己的时间去完成，而是等到发生后才手忙脚乱。如果我们将学习、工作与家庭做好相对合理的安排，那么纷乱的生活就会变得逐渐清晰起来，内心的焦虑也会渐渐消散。

以晚上的时间为例，当孩子进入学习阶段时，我们可以规定自己在这个时间段内不要去做过于复杂的工作，这样一旦孩子有问题需要咨询时，我们可以随时进入辅导孩子的状态。到了孩子入睡的时间，我们可以给孩子讲故事、陪孩子聊天。孩子入睡后的一个小时，我们可以开启自己的学习充电状态，在这个时间段内不去做其他任何事情，心无旁骛地投入学习状态之中。

每个人的家庭状况不同，设定的计划不会完全一致，但有一点是统一的：我们的时间规划是否合理？在规划的时间段内，我们的目标是什么？我们的手段又是什么？如果自己不能完全做到，那么哪些是可以在家人的协助下完成的？

设定规划是为了让我们在每一个环节中都能够从容不迫地解决问题，因为这些问题是在我们预计之内的。每一个环节都是有计划、有步骤地完成的，那么我们的生活就是规律的，是在自己的掌控之中的。让人生规划有序进行，就能有效平复躁动的心，松弛却充实的人生便不请自来。

家是一个人坚固的堡垒

一转眼，我从少年、青年，逐渐步入了中年阶段。而对“家是一个人坚固的堡垒”这句话，我也有了更深刻的理解。迈过40岁这个门槛后，我越来越意识到：在人生的征途中，我们会遭遇种种风险和挑战，而家庭作为一个稳定的支撑点，不仅能够帮助我们渡过难关，更能为我们提供无穷的力量和勇气。

这种勇气不是少年时期那种“千金散尽还复来”的挥斥方遒，而是一种“向内生长”的力量。也许在少年、青年时代，我可以和一群朋友们在下班后聊天、娱乐。但是成家之后，我需要面对的压力不再只是自身的压力，还包括职业、家庭、经济等各方面的压力。这个时候，家庭就会给我带来更安心的温暖，我可以在家庭中寻求慰藉，释放压力和情感。

妻子的安抚和儿子的笑容都是可以治愈我的“药”，我与爱人、儿子共同生活，分享喜怒哀乐，感受亲情的温暖和力量。家庭成员之间的相互支持和理解让我更加自信、坚强和勇敢地面对生活的挑战。每个人都需要用家的温暖来疗愈自己的心灵。

尤其是到了中年，这种体验恐怕会更加明显。随着进入40岁，我渐渐感觉到自己的身体也逐渐走向老化，感到自己需要更加注重身心健康。我相信与我年龄相仿的读者，一定都有与我类似的感受。家庭作为最亲密的社交圈，可以帮助我们排解负面情绪，减轻压力，保持身心健康。

现在，每当我时间较为充裕的时候，我就会用与家人一起爬山、健身、外出旅游等方式来保持身体的健康。如果出行不便，那么我们就会通过与家人交流、共同看电影、读书等方式来保持心理健康。家庭的温馨氛围可以帮助我们放松身心，缓解压力，减轻心理负担。

同时，家庭也是我们事业发展的坚实后盾。我们在外打拼，正处在职业发展的关键阶段，需要面对工作、升职、创业等多重挑战。家庭则为我们提供了一个可以依靠的后盾，使我们更加坚定自己的职业方向，迎接挑战。家庭成员的支持和鼓励可以激发我们的动力和信心，让我们在事业上取得成功。

我可以负责任地说：如果没有妻子，我不可能有今天的成绩，不可能始终保持动力不断前行。很多时候，因为工作较为忙碌的原因，我无法做到每天陪着孩子学习，辅导他的功课，这些工作都是由妻子代劳的。正是因为她在家庭中承担了更多的责任，才能让我可以心无旁骛地投入事业打拼之中。

我们还可以从文化的角度来看家对我们每一个人的意义。

我们常说，有什么样的父母，就有什么样的孩子。与儿子在一起时，我经常会看着他想：未来的他会走一条什么样的路？我无法为他的人生做决定，但是我明白，他会从我的身上学习到很多东西，包括思考方式、行为习惯等，这些都将跟着他一辈子。如果我有正确的价值观，那么孩子也会“遗传”到这一点。

为了孩子的未来，我需要将家放在首位，通过自己的言传身教，引导他养成正确的价值观念和道德观念，培养他的责任感、担当和独立的精神。儿子的年纪虽小，但他也是我身后那个有些稚嫩却无比坚强的后盾。

每个人在人生的长河中都会遇到各种各样的难题，家就是一个温暖的港湾，可以让我们歇息片刻，然后再重新上阵。所以，我们应该珍惜家庭，创造一个温馨、和谐的环境，让家庭成为我们生命中重要的支撑点，帮助我们度过生活中的风风雨雨。这样，我们才能和爱人、孩子一起，实现人生的理想和抱负。

事业和家庭是互相促进并动态平衡的

如何平衡事业和家庭的关系？对于很多人来说，这都是难以解答的问题。无论男女都需要在打拼事业和兼顾家庭之间做出权衡。

我也不例外。大量的工作占据了我非常多的时间，导致我与妻子、孩子交流的时间被压缩，妻子有时也会抱怨我是一个“工作狂”。但是我们都明白：必然要有人在事业中付出更多。

我认为，面临这样的问题时，最重要的不是焦虑或相互埋怨，而是沉下心来分析现状，主动承担责任。著名主持人杨澜说过一句话：“事业与家庭的平衡，也是一种动态的平衡。”这句话给了我很多启示。

我和妻子聊了这个问题，我们得出了一个结论，那就是：事业很重要，但是家庭同样重要，两者必须相互促进，这样才能保证家庭的幸福和温馨。这个道理很简单：打拼事业的最终目的就是为了家庭，给家庭带来更好的生活品质，增加经济收入，提高生活水平。而一个温馨和睦的家庭氛围可以提供情感支持，减轻工作压力，让人在工作中更加自信和有动力。当工作疲倦或告一段落时，我需要回归家庭，做一个好丈夫、好爸爸，这样我才能从工作的状态中解放出来，而不是永远保持一个“工作机器人”的状态。

所以，我和妻子、儿子做了一个约定：在打拼事业时我会全身心地投入，尽可能高效地完成工作，剩下的时间交给家庭。只要周末没有特别紧张的工作，我一定会远离“工作狂”的状态，与妻子、儿子一起去爬山，这是我们最爱的活动之一。在爬山的过程中，看着孩子的快乐，与妻子聊一些生活上的事情，这不仅让我们的家庭关系更加和谐，也让我可以缓解事业打拼带来的内心焦虑。有了家庭的心灵抚慰，再投入工作之中，我也会更加高效。

当然，不是每个人都能做到这一点。我有不少粉丝也面临着同样的难题。在交流时他们会和我说："不是我想忽视家庭，而是我的时间被排得满满的，从早到晚，从周一到周末，几乎疲于奔命！爱人埋怨我，甚至孩子见到我都会有一种陌生感。我当然知道这样不好，可是我根本无法做出改变！"

我相信不少人都会对这段对话产生共鸣，尤其是身在职场管理层或是创业打拼阶段的人。在事业上升阶段，我们的确被工作占据了大量的时间。但是，如果我们能够做好"动态"这两个字，那么就可以实现事业与家庭的平衡。

所谓"动态"，就是根据实际情况对事业和家庭的重心进行灵活调整。例如，我们在近一个月的时间内需要带领团队解决一个重要的项目，几乎所有时间和精力都要扑在事业上，这时候我们必须和家人去交流和说明，让他们理解在这个时间段内我们可能无暇顾及家庭，得到他们的理解和支持。

投入忙碌的工作后，我们需要良好的时间管理能力，对目标进行完整的规划，然后按照计划高效地完成工作。时间管理是实现家庭和事业平衡的关键，在工作上避免时间浪费，学会拒绝那些不必要的事情，让自己有更多的时间投入最重要的事情上，以此保证工作的高效完成。这样一来，当我们的工作项目结束后，就可以将剩下的时间留给家庭。

事实上，不少人处理不好事业与家庭之间的关系，就是因为混乱的状态导致大量的时间被浪费了；或者在做时间安排的时候只有工作，完全没有家庭的一席之地，任何事情都可以把家人挤到后面。这样我们自然也就无法承担起家庭的责任。而对于我来说，家人更加重要。记得有一次我去深圳等地出差，排了满满的日程安排：参加两个会议，做一场直播，还要跟合伙人谈方案，还要见客户……原计划周四去，周一回。但因为儿子被安排在周日晚上要参加一场走秀活动，这是他第一次登台，也是我不想错过的人生第一次。所以我跟各方沟通，全力协调行程，终于在周日上午赶回北京。心里有家人，总能安排好时间。

到了家庭时间，我们同样需要做好时间规划。例如，周末我们全家要一起出去玩，那么工作上的所有问题必须在此之前全部结束，然后安排好家人的时光：早上爬山，中午一起聚餐，下午陪孩子滑冰，晚上一起看电影。

需要强调的是：做好家庭分工是关键的一步。以我家为例，妻子是个工科女，做科研工作，思维严谨缜密，对孩子要求较高。所以她更多负责孩子的日常学习，特别是数学学科。而我是个文科男，做金融和教育工作，相对感性，所以更多负责孩子的心态、阅读、写作。同时，在教育中，妻子喜欢事无巨细地帮孩子安排妥当，而我则更愿意放手，或者说懒于管得那么细，可以说各有优劣。父母本身就有角色上的差异，做好差异分工，让孩子感受到不同的母亲教育与父亲教育，那么家庭的氛围就会更加温馨。

如果我们可以做出这些尝试，那么就可以逐渐从“终日在事业中打拼”的状态中解放出来。就像无论多么忙碌，晚上我也会陪孩子睡觉，给他讲一个故事，以此保证亲子关系始终处于健康的状态。也许只是十几分钟的时间，但是整个家庭的氛围却是温暖的。所以，不要让事业和家庭成为二元对立的关系，高效工作后回归家庭，这才是我们需要的人生。

幸福的人用童年治愈一生

教育孩子这个问题并不简单。即便那些成功人士在对待孩子的问题上，往往也会手足无措。其实，孩子并不是我们的财产，不要想着通过“管教”的方式来与孩子交流。用心陪伴孩子，给孩子一个健康的原生家庭环境，这是初阶；理解孩子的想法，这是中阶；尊重孩子的选择，这是高阶。理解了这三点，我们才能实现家庭的进阶。

什么才是正确的家庭教育观

教育好孩子不是一件容易的事。我的儿子在出生时就遭遇了磨难，后来又因为体弱多病，成长受到限制。好在经过全家人多年的努力，孩子进步很大，目前基本上达到了我和妻子的期望。回想他从小到大的这些年，我越来越认同一个观点：如果没有正确的家庭教育观，想要培养出优秀的孩子，那无异于天方夜谭。

什么是正确的家庭教育观？也许它有很多理论、方法和技巧，但最关键的就是原生家庭的塑造。

“幸福的童年可以疗愈一生，不幸的童年要用一生来疗愈。”这句话相信不少人都听过。但是，如果没有经历过糟糕的原生家庭，大概无法想象童年的家庭生活会对自己的影响到底有多大。

我们常说：“有怎样的家长，就有怎样的孩子。”其实这句话，就是对原生家庭的概括。父母是孩子接触世界的第一任老师，父母塑造了怎样的一个家庭环境，就会成就怎样的孩子。在一个充满温馨和爱的家庭中，也许孩子并不一定比其他孩子更出色，但是他会展现出自己的自信，而不是在任何场合都表现得唯唯诺诺。同样，如果原生家庭中父母之间的关系是冷漠、互不信任，那么孩子就容易变得自卑、刻薄，甚至充满暴力情绪。

想想看，为什么绝大多数有问题的少年儿童都出生于单亲家庭或是父母关系紧张的家庭？这就是原生家庭给他们带来的影响。父母在家里的一举一动，包括神态、情绪、语言方式，都会不由自主地影响到孩子的生活状态和自我认知。

奥地利著名心理学家阿尔弗雷德·阿德勒在《超越自卑》中写道：“由于婚姻是平等的合作关系，所以没有哪一方应该凌驾于另一方之上。如果父亲脾气暴躁，试图掌控家庭中的其他成员，那么他的儿子对男人的概念就会有所偏差，而他的女儿会非常痛苦。如果母亲专横跋扈，总是对家人唠唠叨叨，那一切都会反过来。女孩们会模仿她，自己也变得尖刻挑剔，而男孩们则总是处于防守状态，害怕遭到批评，时时警惕以防被操纵。”

仔细读读这段话，然后想想我们的家庭是什么样子，给孩子带来了一种怎样的氛围？孩子们身上的每一个特点，我们都可以在原生家庭中找到根源。

我强烈推荐每一位父母都读一读阿德勒的这本《超越自卑》，它用心理学来阐述孩子的成长问题，详细、全面地论述了孩子与家庭的关系，以及原生家庭对孩子未来成长的影响。

以我的一个朋友为例，在他少年时期，他的父母有一段时间关系并不好，时常争吵，这并不是一个很好的原生家庭环境。但是，他和我说他很感谢他的妈妈，她出身于书香门第，闲暇之时喜欢读书，即便是在和他的父亲拌嘴之后。她妈妈的举动深深影响了他，让他也学着投入阅读之中，这个习惯至今他还保持着。

试想，如果他的妈妈没有用自己的方法来改变原生家庭的环境，那么长大后的他会变成什么样子？也许他会因为父母的争吵感到恐惧、慌张，长期处于没有安全感的状态之下。在这样的心态下走入社会，我相信任何事情都是他无法胜任的。

为了营造良好的家庭氛围，我与妻子约定：哪怕有再小的争吵，也要避开孩子，将这种矛盾限定在我们之间。只有这样，孩子才能感受到原生家庭的爱和温暖，这对他的成长至关重要。也许我们读过很多关于家庭教育观的书，也学习了非常多的技巧和方法，但是最终的落脚点都是：塑造一个积极向上的原生家庭环境，这比一切都重要！

做孩子行动的榜样，而不是说教者

先分享一个小故事：

某个夏天，我看到儿子拿着手机正在自拍一个小视频，他把家里的窗户、房门都关了起来，甚至将空调也关闭了。我好奇地看着他，直到拍摄完才问他："为什么你要把门窗和空调都关起来？"

儿子一脸认真地说："因为我看你录制课程的时候，为了保持环境安静，就会把可能发出噪声的东西全部关掉。我现在录视频，也要保证没有噪声！"

原来我工作中的每一个细节都被孩子看在眼里，这让我很受触动。

刚上一年级的时候，儿子写字总是很不认真，连横平竖直都做不到，写得歪歪扭扭。当我们批评他的时候，他委屈地说："我看你和妈妈写字也是歪歪扭扭的，像画圈一样，我都认不出来。"我这才意识到，他在刻意模仿我们，但却忽略了成年人的连体字是在几十年的训练后逐步形成的特有风格。

其实孩子们并不需要说教，他们更愿意模仿。父母是孩子的第一任老师，但这个老师并不是要越俎代庖替老师们教授他专业的知识，而是要用行动让他看到父母在面对问题时是怎么做的，成为孩子行动的榜样。单纯的说教，远不如榜样的力量。

绝大多数父母都有一个习惯，就是总爱和孩子说："我早就告诉过你道理了，你怎么这么笨！”结果孩子被吓哭了，变得畏首畏尾，再也不愿意做一些具有挑战性的事情。因为他很难理解父母说的那些道理，也没有任何参考可以学习，自然不愿意再冒着被骂的风险去尝试。

其实很多父母没有意识到，自己总是批评孩子的一些行为，恰恰在自己的身上就有。一个出门时衣着总是很随便的父亲，批评孩子着装不得体，孩子怎么可能会认同？在他的眼里，父亲从来就不修边幅，自己为何要精心打扮？

教育孩子，本质上不在于父母“告诉”了他们什么，而在于你做了什么，给孩子树立了怎样的榜样。不少人说我的儿子行为非常得体，尤其是在人多的场合，例如，不会喧哗，会安静地倾听大人讲话，还会照顾别的小朋友，等等。其实我并没有和儿子去说那么多道理，而是和妻子一起注意自己的行为。

这些都是生活中不容易注意到的小细节，却是为孩子树立榜样的关键。当孩子看到父母的行为举止后，也会有模有样地学起来。

在外如此，在家同样如此。如果是我们都做不到的事情，我和妻子不会要求儿子去做。但是对他力所能及的事情，我们并不会没完没了地说教，告诉他各种注意事项，而是说：“这件事情爸爸做过，你想想我是怎么做的？一定要想清楚再行动。”

在这样的引导下，儿子并不会着急行动，而是会仔细思考后再动手。所以家里的很多事情，我和妻子并没有特别教导儿子，但是他依然可以通过自己的努力顺利完成。

我们家从来不开电视，电脑也都是用来办公，日常一家人都喜欢看书。所以儿子没有养成看电视的习惯，读书也成了他最重要的消遣。

教育的核心是榜样，而不是说教。我们总以为，用各种各样的道理就会教育出一个优秀的孩子，但殊不知孩子往往是看着我们做事情，他对我们的依赖更多是行为上的而非语言上的。

这一点对父亲来说尤为重要。在多数情况下，父亲会比母亲的言语教育少，那么行为教育就是父亲的主要职责。很多家庭都有“丧偶式教育”的现象，即教育孩子的事情多数都由母亲承担，自己很少参与，导致父亲角色的缺失。

的确，相对母亲，父亲的说教的确会更少，但是这不等于父亲可以缺席教育。父亲在孩子成长的过程中非常重要，但很多男性的语言表达能力有限，那么不妨用更直接的行为方式来教育孩子。

就像我，有时妻子出差，我会把儿子带到办公室或者录课室，会让他坐到我的身边，让他看着我如何工作。在这个过程中，孩子会感到我依然在陪伴着他，更重要的是他会看到我的工作状态和工作技巧，未来他自己也可以进行大胆的尝试。

这种教育方式没有说教、没有训斥，却让孩子既学到了如何投入地工作，又能够理解爸爸的辛苦。

有一次，因为工作的缘故我连续几天都在公司忙碌，妻子向儿子发牢骚说：“怎么你爸爸又不在？也不知道去哪玩了。”

谁知儿子却说：“妈妈，你别这么说爸爸。他那么辛苦，你还要说他，这样不好。”

妻子一愣，说：“你怎么知道的？”

儿子说：“因为我经常看他工作呀！我知道他的工作很忙，天天都很辛苦，不是出去玩了。”

当妻子告诉我这个经历时，我与妻子都笑得合不拢嘴。通过这种陪伴而非说教式的教育，孩子看到了父母的辛苦，理解父母为了家庭而做的努力。他对家庭和生活有了更深层次的认知，这绝不是几句大道理就可以实现的。所以，去做孩子的榜样吧，少讲一些教育的大道理！

你真的在认真听孩子说什么吗

平等对待孩子，这句话看似简单，但却又很难。

难，主要在于一点：我们真的在认真听孩子说什么吗？

多数家长身上都有这样的问题，一旦看到孩子成绩没考好、某个事情没做好，往往孩子的解释刚刚说出一句，我们就会表现得痛心疾首，大声说道：“我管你吃管你喝，你却做不好，你让我太失望了！”

这样的父母，也许嘴上会说“平等对待孩子”，但实际上却是将孩子当成了自己的附属品，根本不愿意听他的疑惑、他的问题，将自己的主观想法强加到他的身上。不想听、懒得听、没时间听……我们总是有那么多的借口，关上倾听孩子的大门。

试想，如果在职场上，领导总是不愿意听我们的想法，我们会产生什么样的心态？消极怠工、离职，这些情绪必然会不断涌现。孩子也是如此，当他感受到父母从来不愿意听自己说话时，渐渐地就会对父母感到失望，与父母的距离越来越大。这样父母和孩子之间就会产生不可弥补的裂痕。

父母要明白这样一个道理：孩子不是大人，他们遇到的很多问题往往自己不能解决，需要依靠父母协助自己。也许在你看来很容易的一件事，对孩子来说却是非常具有挑战性的。但是，我们忽视了孩子的情感，不愿意听他们的表述，更不会提供任何建议，孩子感到自己被父母讨厌，这样的孩子怎么可能与父母亲近？

所以，想要听“懂”，要先懂“听”。在我与儿子交流的过程中，我会很注意自己的态度。即便孩子的问题在大人看起来很幼稚，比如走路为什么会先迈左脚、吃饭为什么要用筷子等，我也不会像有的家长那样哈哈大笑，对孩子说“这种问题很无聊”，而是很耐心地用他可以理解的语言进行解释，还会旁征博引地把其他事情一起告诉他。因为我知道，孩子看似无厘头的问题，却是他探索世界的过程，更是与父母建立亲密关系的过程。

所以，父母不要觉得孩子到了中学阶段，与自己的话越来越少，单纯只是因为进入了叛逆期。在更早的阶段，我们没有认真聆听孩子的话，或是总习惯否定孩子的意见，他们已经对我们产生了距离感。这种父母一手造成的与孩子地位不对等关系，才是问题关键所在。

既然我们找到了问题，想要真正听懂孩子的话，与孩子建立正确的家庭关系，那么就要寻求解决问题的方法。

首先就是要认真倾听，不要随便打断孩子的说话。哪怕我们有再多想法，也要先按下暂停按钮，听孩子把话说完。在这个过程中，不要表现得不耐烦，或是依然忙碌手里的事情，要让孩子感受到被尊重。哪怕孩子的某些观点出现了偏差，也不要发表任何意见，不去做任何评判，而是要静静地听孩子把话说完。

其次是给予孩子支持和鼓励。在孩子成长的过程中，他们会遇到各种各样的困难和挑战，我们可以通过倾听和理解孩子的话语，了解他们的内心感受和需要，适度地给予指导和引导，帮助孩子形成良好的价值观和行为准则。例如，如果孩子在社交方面出现了一定困扰，那么我们就应当和他一起分析究竟是哪句话或哪个行为让小伙伴不高兴了，用什么方法可以弥补自己的错误。

还有一点需要特别注意：我们要理解孩子尤其是低龄孩子的语言表达方式。由于语言表达能力不足，所以他们在说话时往往会显得有些逻辑不足。我们不要因此就表现得不耐烦，认为孩子在胡说八道，这样会直接打消他与父母交流的积极性，不仅会造成孩子与父母关系的疏远，甚至还可能让孩子产生自闭情绪。

最重要的是，我们要保持开放的心态，不要从大人的角度来评价他，而是要尊重孩子的想法和意愿，在此基础上，再给他适当的引导和指导。就像有的孩子说出了一个天马行空的想法，我们不必着急立刻反驳他，告诉他正确的道理，而是不妨在保证安全的前提下让他去尝试，让他自己发现错误后再去纠正，这样效果反而更好。

我还记得儿子很小的时候，有一次他和我说："爸爸，泡面需要水。那么我直接把纯净水倒进泡面里，是不是就可以吃了？"

我没有直接反驳孩子，告诉他必须烧开水才能泡面，而是让他自己试试。结果他发现，原来凉水是不能泡开泡面的。从那以后，如果他想吃泡面，就会先看是否有热水，确定无误后才会准备泡面。

倾听孩子，鼓励孩子去探索，我们在一旁做指导，避免先入为主的判断，这才是真正的"听懂了孩子"。一味地强调自己的观点和想法，忽视孩子的意愿和想法，就会导致孩子对家庭和父母产生反感和抵触情绪，甚至产生逆反心理。所以，学着尊重孩子，学着聆听孩子，这是我们家庭教育进阶最关键的一步。

如何教出自信、乐观、积极的孩子

教出一个自信、乐观、积极的孩子，是所有父母的梦想。每当我们在电视上、抖音上看到那些侃侃而谈、自信得体的孩子时，总是会想：为什么别人家的孩子那么优秀，自己的孩子却总是让自己失望呢？

想要找到这个问题的答案，我先分享两个故事：

第一个故事发生在北京市海淀区，这里的家庭很多都是高知家庭，孩子的父母毕业名校，有着较高的社会地位。但是，他们的孩子却并不一定很出色。我曾经遇到过一名家长，她曾经是某省的高考状元，现在在北京市某学校做教授，而她的孩子则在著名的101中学上学。但是，这名家长却似乎并没有因此而多高兴，反而说："当年我是状元又如何？我觉得这并不是什么值得自豪的事情。孩子也是一样，现在在一个好学校不代表未来一定就好。"

可以想象，在这种家庭中成长的孩子，怎么可能有自信、乐观、积极的一面？他们的父母带给他的就是一种负面情绪，自己也得不到家长的认同，他怎么可能自信地走在校园之中？我甚至听到过有一些孩子和我这样说："张老师，我们家窗户的外面有栅栏，每天放学到家回到房间，我都觉得家里就是监狱，是人间地狱！"

孩子在成长路上没有获得过任何肯定，哪怕是父母一句温馨的鼓励，他怎么可能会有成就感？无论他的成绩有多好、表现有多优异，收获的只是父母一句"还行吧"的冷淡回应，他自然不可能产生自信、乐观、积极的心态。

再来看第二个故事，同样是我亲身经历的往事。

十几岁时，我来到北京市上大学，恰巧有一个姑姑在这里工作和生活，她和姑父都是知名学校毕业，有着很好的工作。当时，他们的孩子只有五岁。周末的时候，我会去姑姑家做客。我经常会看到这样的一幕：姑姑、姑父和表弟一起讨论问题，甚至包括买一辆什么车的问题，都会让表弟一起加入讨论。哪怕他说“咱们家不需要车”，姑姑也不会批评他，而是让他说出自己的意见。

我的这个表弟自然是非常优秀的孩子，直到今天他依然让我刮目相看。

当时，看到姑姑家的教育方式，我只是觉得好玩、好奇。但当我成为父母之后，我忽然意识到有了非常好的参考样板：鼓励他说出自己的看法，认同他的观点，让他获得足够的成就感。一次、两次、三次……当孩子能够从父母那里获得足够的认同和尊重时，他就会带着自信和积极的心态走进校园，敢于表达自己，敢于说出自己的观点。

所以，当我的孩子出生后，我也会刻意像姑姑一样对孩子进行教育。在他还很小的时候，我陪他睡觉时，就会给他讲故事、聊聊一天的经历，尽管当时他说话都不利索，但是会用咿咿呀呀的语言和手势给我做出反馈。我知道，这是他和我交流的过程，哪怕当时我无法完全听懂，但是只要一个期待的眼神、一个竖起的大拇指，就可以让他敢于自信地表达出自己的观点。

有一点很重要：无论是语言上的夸奖还是其他奖励，一定要落到实处，让孩子看到我们的认同。答应孩子做到某一件事就去旅行，那么一旦孩子成功就要行动起来；看到孩子做了一场优秀的演讲，在台下的我们也不要吝啬自己的掌声。

当然，这样做不是无底线地赞美和夸奖孩子，让他反而产生了自负的心态。我们应当做孩子成长的洞察者，帮助他进行更深的思考，用“体验式教育”让他建立更加成熟、合理的心态。

有一次，儿子和我说他想做一名搬家工人。我和他说：“这也是一个不错的选择，但是你自己可以做好这些工作吗？”我带着他去看搬家工人上下楼的辛苦后，孩子认真地说：“这个工作我的确做不了，因为太辛苦了，我似乎没有叔叔们那么强壮的身体。”

后来，儿子又说他想研究恐龙（这与我从小给他读恐龙方面的绘本有关）。我对他说：“那些研究恐龙的考古学家，通过地下的骨骼推测出恐龙的模样和习性，你觉得他们是如何做到这些的？”我通过这样的提问，让孩子自己去思考问题，用自己的方式推导自己最想要的结果，然后再与我进行交流和沟通。

渐渐地，这种体验式教育成了我与孩子交流的重要方式。一开始，我并不知道这种方式是否正确，但是到了今天，我发现孩子的成长是让我欣慰的。

我没有讲多少道理，而是用一个个案例来和父母分享：其实想要教出自信、乐观、积极的孩子并不难，前提是父母要拿出同样的状态；同时，父母要充分给予孩子体验的机会，这种体验应当是多维度的，不局限于学习上，要对各种事情有亲身的体验。如果我们真的能将体验式教育贯彻到生活中，那么孩子就会呈现出自信、乐观、积极的样子！

 如何阅读才能让孩子一生受益

阅读对孩子成长的重要性不言而喻。热爱阅读的孩子往往都具有较好的语言表达能力、阅读理解能力、写作能力、想象力、思考能力和创造力。不过，在当今时代，似乎没有多少孩子喜欢阅读了。刷刷抖音，看看视频，这比阅读要更轻松得多。不少家长都和我说过："我让他读一本书，比让他围着操场跑一圈还要难！稍不留意，他就会偷偷地捧起手机！"

但是，父母是否想过一个问题：我们自己是否爱读书？如果我们也是一个"手机重度爱好者"，尤其是在要求孩子读书的时候，却在一旁拿着手机乐此不疲，在这种"榜样"的影响下，孩子怎么可能爱上阅读？

所以，想让孩子爱上阅读，自己同样也要成为一个爱读书的人。培养孩子阅读的过程，也是培养我们自己阅读习惯的过程。先学会自己放下手机，与孩子一起陶醉到阅读的快乐之中，这样才能做好"榜样"。否则，无论我们采用多少手段，孩子也会认为：你都不喜欢读书，凭什么要求我！

当然，我并不否认智能手机对人的吸引力，事实上它正满足了

人的偷懒心理：越是容易理解和使用的，越是容易让人上瘾。智能手机就是如此，短视频不需要我们思考就可以收获快乐，它完美契合了“偷懒人性”的一面。正因为此，我们更要减少使用手机的时间，保证每天都要有一定的“远离手机时刻”，将这个时间留给自己和孩子的阅读。

也许有的父母会说：“手机短视频也可以带着我们了解世界！”但是这种“了解”，并非主动探索，仅仅只是一种“听说”罢了。这种唾手可得的信息满足感，事实上是很容易被我们遗忘的。因为从手机得来的收获太轻松与廉价，无法让我们产生真正的“感动”与“感悟”。

远离手机，就是要屏蔽这种看似轻松的信息获取渠道，通过体验和阅读等方式，来获得真正有价值的信息。体验，即“行万里路”，比如，我带儿子去奈良喂小鹿，去非洲看动物大迁徙，通过最直接的体验获得收获，它的价值不言而喻。

但是，我们不可能永远“在路上”，所以阅读成了体验最好的补充与引导。每一本不同的书，都会给孩子、给我们带来不一样的思考，或是温馨的感动，或是神秘的科幻，或是天马行空的想象，它会给孩子的世界带来更加丰富的联想与思考。

当然，引导孩子去阅读，不是一开始就读大部头著作。我们需要帮助孩子建立分级阅读的模式。在孩子成长的不同阶段，引导孩子阅读最适合他的书，然后不断根据孩子的兴趣做拓展。这样阅读才能成为他一辈子的好习惯。

在孩子幼年时，绘本就是不错的选择。儿子上幼儿园时，每天晚上我都会给他讲一本绘本。绘本的故事简单却有趣，很容易让孩子对故事产生浓烈的兴趣。这一点我相信很多家长都可以做到，这是培养孩子阅读的最关键一步：先让孩子对故事感兴趣。这样一来，当他有能力自己阅读时，他就会翻开绘本，自己去探索绘本里的奇妙世界。

到了小学阶段，我开始逐渐培养他新的阅读习惯，开始让他阅读一些有深度的图书。

作为一个男孩，儿子和其他一些小男孩一样，很喜欢恐龙。为此，我给他买了非常多关于恐龙的书，既有科普类的，也有故事类的，每天晚上他都会看得乐此不疲。大量恐龙的图书是他真正建立阅读兴趣的关键：让他去读最有兴趣的图书，他才能真正爱上阅读。

有的家长会给孩子推荐一些孩子完全不感兴趣的书，还说“这是为了你好”，但孩子根本不愿意读一个字。这样孩子怎么可能会爱上阅读？甚至他还会对阅读这件事产生反感！

恐龙系列的图书让儿子建立了初步的阅读兴趣。但是我知道，只阅读同一类型的图书会让儿子的阅读面过于狭窄。所以，我和妻子商量，在此基础上应该让儿子阅读更多有意思、有价值的图书。一开始，我们没有着急给孩子推荐大部头图书，而是通过动画片的方式寻找孩子的兴趣点。让图书与动画形成配合，会提升孩子的阅读欲望。

我和妻子带着儿子看了不少经典的动画片。他对狮子王特别感兴趣，为此，我给他买了一本关于狮子王的书，告诉他这是一个特别的礼物。儿子十分兴奋，每天都期待狮子王的书快点送来，每天都会追着我问。当书终于送到家时，孩子兴奋得一蹦三跳，当天就拉着我一起阅读。这个时候，孩子已经基本上可以不依赖汉语拼音进行阅读了，他的认字能力在阅读的过程中得到了迅速的提升。

随着儿子阅读能力的不断提升，我和妻子对他的阅读习惯的培养方式也在不断调整。接下来，我开始引导孩子尝试阅读大部头的名著，尤其是中国古典文学名著，这对孩子的学识培养、阅读能力培养是非常有帮助的。

当然，一上来就让孩子读名著，这显然是超纲的，很容易让他对阅读产生恐惧。所以，读名著的过程依然需要循序渐进。最初，我想让他去阅读《西游记》，于是找来音频读物的西游记系列，让他去听关于孙悟空、猪八戒的故事。儿子一听就着了迷，还主动问我什么时候可以给他买一套《西游记》阅读。

我对儿子说："现在你阅读《西游记》原文，一定不容易理解。但是，我已经给你买了一套适合儿童阅读的精简版《西游记》。我们可以一边看《西游记》的电视剧，一边看书，你觉得怎么样？"

儿子当然表示同意。我给儿子买的这套《西游记》，虽然文字部分经过了压缩，但依然采用半文言、半白话的方式描述，而不是那种单纯的现代口语风格。每天，我都会让孩子看一集《西游记》的电视剧，然后再去阅读这本书，对比电视剧和书里的场景有什么区别，故事有哪些不同。就这样，当孩子把《西游记》电视剧看完时，这本书他也顺利读完了。

直到现在，这套《西游记》依然是他的心头好，会经常把这套书翻出来反复阅读。这是他第一次完全依靠兴趣一个人读完了一部大部头，完全没有我的陪伴。不要小看这本压缩过的《西游记》，它足足有三百多页，文字很小且是半文言文，即便是对于不少成年人来说读完也不是一件容易的事。当我看到孩子独立阅读完这套书时，我知道，他已经养成了积极的阅读习惯。只要不被其他因素影响，那么这个习惯将会陪伴他一辈子！

最后，还是要回到前文提到的一点：不仅要让孩子爱读书，家长也要爱阅读，并建立亲子阅读时间。

因为工作的缘故，我陪伴孩子的时间有限，而阅读则是我们之间最佳的互动时光。当我在房间里读书时，我经常会让孩子在我身边坐着，这时候他总会问："爸爸，你看的是什么书？"

我会给孩子描述我看的这本书内容是什么，有哪些有趣的地方，哪怕这本书已经超过了孩子的理解能力。但是他听到我的分享会很兴奋，也会跟着我一起读书。我记得有一次，他看着一本大部头的著作一直读到了夜里12点，我催他快些睡觉，他却依然捧着书津津有味地读，完全投入了阅读的快乐之中。

我分享与儿子的阅读成长经历，就是想告诉所有父母：让孩子阅读的过程是渐进式的，并且必须是他的兴趣而非任务。在孩子很小的时候，我们就要让孩子感觉到阅读是快乐的，引导他主动阅读的兴趣，同时在家里营造出“父母也爱读书、爱分享”的氛围，这样孩子才能真正地爱上阅读。在移动互联网大行其道的今天，阅读看似是一个“反人性”的行为，但是“顺人性成功，逆人性成长”，突破人生的舒适圈，这样我们才能与孩子一起获得真正的成长。

孩子的情商和财商是父母给他们最好的礼物

情商与财商这两个词现在我们早已不陌生，孩子情商与财商的培养课程与书籍目前也早已琳琅满目。但是，我想问所有家长一个问题：我们上了很多课，读了很多书，可我们真的了解什么才是孩子的情商和财商吗？

1.孩子的情商该如何培养

先来聊聊情商。所谓情商，百度上是这样说的：它是情绪、意志、性格、行为习惯组成的商数。对于孩子来说，他们的情商就是性格是否健康，行为习惯是否合理，尤其是在与其他小朋友们的社交上。其他更复杂的情商内容是属于大人的，给他们灌输太多的内容，反而会造成他们的独立能力受限。先做好这两点，在他逐渐成长的路上让他们自己摸索更多的情商提升途径，这才是孩子情商提升的正确方式，千万不要揠苗助长。

对孩子性格的培养，我和身边的不少人做过交流："我们的孩子是否由爷爷奶奶、姥爷姥姥带大？他们带到了几岁？"

不少父母表示，因为工作的缘故，孩子从小到大几乎都是跟着老人，有一些甚至到了初中阶段。在与这些父母聊天时，我发现了一个共同的问题：这类孩子往往都比较懦弱。

为什么会这样？原因很简单：中国有"隔代亲"的传统，老人在带我们长大时也许并不会万分宠爱，但是我们的爷爷奶奶却总是对我们百依百顺，什么要求都会答应。在老人的眼里，外面的世界已经对自己没有多少吸引力了。这个时候老人开始逐渐走向封闭，终日都想围着孩子的孩子转。所以，孩子在家里受了太多的保护和宠爱，自然就会有些排斥外面的世界，表现得有些懦弱。

当然，这并不是说我们不能让老人带孩子，而是应当在5岁左右让孩子脱离这种完全被老人宠溺的生活。因为在5岁之前，孩子的生活很简单，且身体也较为弱小，这个时候老人那种悉心的陪伴会给他非常多的温暖。但是5岁之后，他们开始逐渐进入小学，开始正式接触社会，这个时候就需要他们独立面对很多问题。所以，当孩子到了5岁时，就要让他们开始新的生活，这对他们的情商培养非常关键。我也是如此，在儿子5岁后便聘请了专职阿姨照顾他，这样可以让老人更轻松一点，让他更独立一点。

儿子渐渐大了一些，我和妻子对他的情绪和性格培养就更加关注。通常来说，我和妻子在教育儿子时，往往她唱红脸，会给孩子更严厉的批评；而我则唱白脸，会采取较为温和的态度。这样做的目的，就是要让孩子感受到父母不是一味只对他训斥，或是一味只有好言相劝，让他不至于在性格上走向极端。我和妻子在这方面配合得非常好，所以儿子既能够理解我们的批评，也能接受我们的情绪安抚，这方面他达到了我们的期望值。

关于儿子的交际能力，不可否认，这一点还曾经是他的弱项，这与我和妻子有关。我和妻子都不是特别爱热闹的人，忙碌的工作导致我们的社交面有些狭窄。我们也没有多少好朋友，下班后很少和一大群人一起聚会。自然，我们的儿子也有些内向。在儿子一年级的时候，学校老师就和我反映，儿子与同学的交往能力不足，需要引起家长注意。

老师的话让我和妻子开始反省，我们忽视了对孩子社交方面的培养。我和妻子说，如果想要纠正孩子，我们自己就要做出改变。于是，我和妻子在朋友圈里进行搜罗，最后妻子找到了一个她的朋友。我们的年纪相仿，孩子的岁数也相仿，这样交流起来会更加顺畅。妻子和朋友表达了自己的焦虑，朋友欣然表示愿意帮助我们。

从那以后，我们两家经常一起聚会，周末会带着孩子一起玩。我们的儿子虽然过去有些内向，但毕竟年龄还小，所以很快就和对方的孩子打成了一片，每次都是其乐融融，他的社交能力迅速得到了提升。而我们两家也成了关系更加亲密的朋友，如今已经形成了定期聚会的传统。孩子的情商得到提升，我们又何尝不是如此？

2.孩子的财商该如何培养

再来聊聊财商。每当提到财商，我们总会想到“赚钱”，这不由让一些家长产生了这样的疑虑：培养孩子的财商是不是太功利化了？这会造成孩子从小就建立“贪财”的思维，丧失了对其他方面的学习热情。

其实，我们的这种想法是将大人的财商思维强加到孩子身上了。对孩子财商的培养，重点不是赚钱，而是：先让孩子知道钱是什么，再让孩子知道钱从哪来的，最后让孩子知道钱可以干什么用。至于赚钱的事情，那是他长大后才需要学习的。

我经常会和其他家长分享犹太人教育孩子的经典故事，现在我和大家分享一下：

一个犹太人临终前对自己的孩子说：我给你5个存钱罐和10枚金币。第一个存钱罐里放一枚金币进去，这是交给上帝的，因为他帮助我们赚了钱，我们要回报他，让他给我们幸福；第二个存钱罐里放一枚金币进去，这是用来捐助给有需要的人的；第三个存钱罐里放一枚金币进去，这是用于投资的，它可能会换来更多的金币；第四个存钱罐里再放一枚金币进去，这是用来储蓄的，以备不时之需；第五个存钱罐里把剩下的金币全部放进去，这是你可以用于消费的。

这个故事告诉了孩子什么？它告诉了孩子钱的所有用途，不仅可以让自己的生活更美好，还可以创造出更多的钱，甚至可以帮助别人也获得幸福。这对于孩子来说就是很好的财商故事，让孩子对钱有了更全面的认识。所以，中国人羞于谈钱的传统观念在现代社会是不合时宜的，它会给孩子们带来“钱是罪恶”的错误引导。我们可以用钱做很多事情，可以让自己的生活变得更美好，也可以让别人的生活变得更美好。孩子能够认识到这一点，就建立了健康财商的基础。

对于儿子，我也通过类似的方法，让他逐渐理解财富的意义。因为我从事金融领域工作的缘故，所以孩子会问我各种各样的问题，比如股票是什么、为什么会有涨跌。我会通过小孩子能够理解的方式，告诉他企业是什么、企业的发展为什么会影响股票的涨跌。未来，我会给他开通基金账户，让他逐渐理解投资是如何实现增值的。

同时，我也会告诉他，为什么我们会有收入。我带着他来到街上，让他去分辨每一个人的职业，然后告诉他每一个职业都给社会做出了怎样的贡献。而这种贡献，会带给他相应的奖励，这个奖励就是收入。我要让孩子看到职业的区别和收入的不同，从而逐渐理解职业对人生的意义。当然，这是一个漫长的培养过程，而不是仅凭一次聊天就可以一蹴而就的。所以，对孩子的财商培养，是要持续到他们建立了完善的财商思维时才会结束的。

父母要明白，财商教育不是让孩子变成财迷，或是排斥金钱，而是让他们真正理解金钱的意义，正确看待金钱。这样，我们才能让孩子建立正确的消费观和收入观，这对他们的一生都是非常有价值的，是他们在幼年时期收到的最好的礼物！

第 8 章

财富认知进阶：你缺的可能并不是钱

财富是一个很奇妙的东西，就像年少时我们苦苦追求的爱情，“越想得到，越是容易错过”。我们每天都在思考如何赚大钱，但却总是与财富擦肩而过。其实，我们之所以没有收获财富，是因为我们缺的并非钱，而是对钱的正确认知。先认识财富，再去打开财富大门，这样我们才能实现财富进阶。

如何理解财富的本质

在财经课上，不少年轻人总是在第一节课时就问我：张老师，有什么快速发财的技巧可以分享一下吗？我们都很期待！

有发财的梦想，这本身没有错，否则他们也不可能学习金融课程，并开始尝试投资理财。但是在此之前我们需要明白：财富到底是什么？如何理解投资与消费？先理清大前提，才能做好后面的“术”。就像我们去打羽毛球，至少要知道羽毛球是一个怎样的运动，它有怎样的规则，否则我们就是在原地胡乱挥舞球拍。所以，我们一定要弄清财富的本质。

财富的本质是什么

财富的本质是什么？

我相信，绝大多数朋友的回答就是：金钱。

金钱当然是财富，但是财富却不等于金钱。财富是一个包罗万象的概念，而金钱只是财富的表现形态之一。金钱是财富，资源是财富，人际关系是财富，能力是财富，甚至你的性格都是财富。

我们都听过这样的故事：某人中了彩票头等奖，一夜之间获得了上千万元的金钱，似乎他拥有了一生都花不完的财富。但是不到一年时间，他不仅倾家荡产，甚至还欠了一屁股的债。因为他根本没有掌握这笔钱的能力，他有的只是奢华的生活、混乱的朋友圈……很快，这笔财富就离他远去。无论是从人际关系、个人能力还是从视野方面来说，如果我们无法掌握从天而降的财富，那么财富就与我们无缘。

所以，在寻求财富进阶之前，我们要先理清这样一个思路：先建立财富思维，再寻求财富之道。财富思维才是可以下出金蛋的鸡，否则只有一颗鸡蛋却没有鸡，那么吃完这颗鸡蛋我们依然很有可能回到赤贫的状态。财富思维这只“金鸡”，是不断“下金蛋”的源头。

我有一个朋友，他是一家教育机构的创始人。他的一句话让我感受颇深：“对于连续创业我从来没有恐惧，因为我不害怕失败。”为什么他能有这样的自信？绝不是因为他有无限的资本可以拿去挥霍，而是因为他明白：只要有一个正确的方向和思维，那么即便短时间内遇到挫折，未来也一定是光明的。赔钱不是问题，因为我们总可以找到赚钱的方法。但是，对于一个只懂得挥霍的彩票中奖幸运儿来说，这一次运气用光，那么他的未来依然一片黑暗。

“赚钱是最容易的事情。”这是我给不少年轻人都分享过的一句话。乍听起来，这是不是显得我有些轻狂？其实，我想表达的并非

“钱很容易赚”，而是：只要有赚钱的能力，那么我们总会找到赚钱的渠道。即便深陷穷困，但只要自己愿意去努力，那么失去的金钱，迟早还会回到自己的手里。我们可以通过授课赚钱，也可以通过自媒体赚钱，还可以通过投资理财赚钱，甚至可以通过送外卖、送快递赚钱。在这个时代，只要自己愿意动手，那么就不存在一分钱也赚不到的情况。

所以，赚钱是最容易的事情，但难点在于：我们具备什么样的能力可以让我们赚到更多的钱？这才是财富的本质。人际关系、社会资源、抗压能力、技能掌握水准、市场判断、对行业未来的走势预判、对国家政策的解读……这些都是我们的能力，它们构成了财富的所有维度。

20年前，有人通过投资房产在今天实现了财富自由。我们不能只看到对方赚钱，然后在今天学着人家去买房。这种“人云亦云”的思维，很容易导致我们无论投资什么，最终都沦为“接盘侠”。财富的大门，在不同时代有着不同的形态。也许是AI，也许是元宇宙，也许是正在暗处酝酿的行业，我们能否观察到未来的变化方向在哪里，能否敏锐地发现投资机会，能否做到快速学习并入场，这才是获得源源不断财富的关键。

真正的财富，就像一股潺潺的泉眼，它会源源不断地冒出清澈的泉水。相对一夜暴富，也许它的速度并没有那么快，却贯穿着我们的整个人生，让我们的财富不断递增，而不是快速地来，又快速地走。这才是财富的本质，建立这样的思维，我们才有资格谈论财富、收获财富。

什么是资产

在赚取财富之前，我先问大家一个问题：什么是衡量财富的标准？我相信绝大多数读者的回答都是“资产”。资产越高，就意味着我们赚到了越多的财富。

那么，什么是资产？它只是银行账户上的一串数字吗？如果只是这么简单，那么王健林赚到1亿元时，他完全可以选择退休，保证一辈子衣食无忧。

所以，资产并不是简单地指一定数量的货币或物质资产，而是指能够掌控和运用这些资源的能力。一个人如果只拥有很多财富，却没有能力去运用和掌控它们，那么这些财富对他来说就没有意义。一份不能让自己灵活应用的资产，就是无意义的资产。

试想，如果我们忽然获得了一大笔钱，但是规定只有自己到了80岁之后才能使用，那么你会认为它是自己的资产吗？我们只会觉得，那只是一个数字罢了，和自己实际上是没有关系的。

也许当前我们的资产只有1万元，但是如果通过积极的工作和投资，我们可以获得更多的财富，提高自己未来的生活水平和经济地位，那么这样的资产就是有价值的。这是我在金融课程上给很多新人上的第一堂课。

有价值的资产能够帮助我们对未来进行投资。例如，我们可以通过购买各种资产，如房产、股票、基金等，来增加自己的财富和资产收益。它的背后，是我们对生活的规划和升级。在资产不断提升的同时，我们的投资策略、眼光乃至社会关系都在不断升级，这是获得更大财富的前提。

但是，如果当前的资产不能给自己带来这样的变化，那么我们事实上并没有接触到财富的本质。在前文提到的故事中，那个中彩票头等奖的人为何有那么悲惨的结局？因为他将这笔钱用在了奢华享乐之中，完全没有思考如何对这笔钱进行积极的规划和投资。到头来，他甚至会憎恨这样的头等奖奇遇。但是，这是钱本身造成的吗？如果没有理解资产是一种资源和能力，那么即使短时间内我们拥有再多的资产，到头来依然会一贫如洗。

资产不仅是一种让财富增值的工具，还是一种我们可以用来进行风险管理的工具。通过将资产配置在不同领域，我们就可以分散风险。例如，当经济处于下滑期时，我们可以将大部分资产从股票等高风险市场撤出，然后购买债券、货币基金等安全性较高的资产，规避资产的大幅缩水。

除此之外，资产还是我们实现社会价值的工具。大家一定记得，在提升孩子财商的内容中，我和孩子说：钱也可以帮助别人获得幸福。当我们通过资产为其他人带来幸福时，我们的内心是充实的、自豪的。所以，当我们借助资产回馈社会、帮助弱势群体时，某种程度上我们就实现了更高阶的人生价值，会给我们的情绪、性格带来更加积极的影响。

当我们对资产有了更全面的认识，我们就不会再简单地认为物质财富就是资产。它既是我们的生产工具，也是家庭财务管理的工具，还是我们实现社会价值的助力工具。当我们可以灵活地根据实际情况和需求，对资产进行管理与合理配置时，我们就打开了财富的大门。

如何理解投资与消费

拥有了资产，我们可以做什么？

首先就是进行消费，满足自己的物质需求和精神需求。此外，我们还可以进行投资，让自己的资产增值，保障自己的幸福感和安全感。不懂投资与消费，资产就只是一个冰冷的数字罢了，它没有任何价值和意义。我们在中学时学过《欧也妮·葛朗台》这篇小说，主人公葛朗台显然就不懂得这个道理，所以他根本不理解财富的本质，成了让人啼笑皆非的经典形象。

但是，什么是投资？只是买股票、买基金吗？这就是一种典型的狭隘性投资。事实上，投资与消费的关系是：可以让我们的资产增值的就是投资，会让我们的资产减少的就是消费。

这个观点是否打破了你的常规认知，让你感到有些不容易理解？我用一个案例帮助大家打开认知。

2008年，我和我的第一个公司的合伙人各自有了一笔不小的收入，当时我想要买房，而他则想要买车。我花了十几万元付了首付，买了一套还不错的房子；而他则用这笔钱买了一辆车。当时，我们还为此进行过讨论。在他看来，当时全球经济非常不稳定，美国爆发次贷危机，未来房价一定会进一步下跌，不如以后再买房，现在应当及时享乐。

在大部分人的眼里，无论买房还是买车，这都属于消费，尤其是刚需买房。可是过了十五年后回头再看，现在你会得出怎样的结论？

很显然，2008年我买房时的消费行为，到了今天却变成了投资。因为北京的房价相比2008年涨价了数倍，让我的资产增加了，这就是投资。反之，无论什么时候买车，这都是一种纯粹的消费行为，从买入的一刻开始，它就会贬值。

所以，我们一定要建立这样的财富思维：只要能够带来增值的就属于投资，反之就是消费。让财富增值的唯一途径就是：多做投资，降低消费。当我们的消费有可能转化为投资时，那么我们就可以获得财富路上的松弛感。

事实上，这也正是穷人与富人之间的财富认知偏差。很多人对一些成功人士的穿衣打扮并不理解，认为他们购买大牌服装，穿着光鲜亮丽，简直就是浪费钱。但事实上，他们之所以敢于在衣着上消费，恰恰就是一种投资：让人看到他们是专业的，这在无形中会给自己的形象加分，让人更加信服。这也是必要的投资。所以，我们看到金融人士往往衣着非常讲究，透露出精英气质，这就是他们对“工具”的投资。

再来看我们自己，认识了投资与消费的关系，我们在花钱时就会更加有针对性。假如我们是一名新媒体运营人，那么购买一台价格较贵但是性能极高的笔记本电脑，也许在别人看来这是无意义的消费，但是对于我们自己来说，它保证多个软件同时打开也不会卡顿，那么这台价格不菲的笔记本就是投资，可以让我们的工作效率有效提升。

但是，如果此时我们还买一台价格过万元的音箱，虽然它可以提高些许工作时的环境舒适度，但是对工作本身并没有直接帮助，那么即便我们有一万个理由，这也不是投资，而是一笔不必要的消费。

一旦我们可以建立这样的思维，我们就能在生活中快速分辨什么是投资，什么是消费。在可以实现投资价值的消费上毫不犹豫，在会导致财富缩水的消费上尽量慎重，这样就能实现“收入 > 消费”，让资产不断增加。

这种思维也是帮助我们扭转“物质消费主义”的最佳良药。我们总是后悔自己乱花钱，一再告诫自己花钱不能大手大脚，但效果却一直都不明显，就是因为我们还没有真正认识到投资与消费关系，所以总是忍不住要“剁手”。但是，当我们意识到某个不菲的消费其实是投资，而另一个消费则完全是没有必要的时，我们就不会陷入犹豫和纠结，因为我们知道：虽然我们花了这笔钱，但是未来可能会产生更大的收益，那么它就是有价值的，它就是投资！除此之外的花费，就是可以压缩甚至砍掉的纯消费！

你只能赚到认知范围内的钱

“如果现在让你成为王健林，管理整个万达集团，你觉得你能做得出色吗？你能否让董事会一致满意，然后获得高工资吗？”

有一次，在面对一个“迫切渴望发财”的年轻人时，我向他提出了这个问题。他想了不到五秒钟，就用力摇了摇头。不仅是他，绝大多数人恐怕都很难做到。所以，我们总是幻想着赚大钱，但要明白：那些认知范围外的钱我们是赚不到的。

所以，想要实现财富进阶，就必须提高自己的认知。视野越宽，赚钱的能力就会越强。

如何正确认知财富自由

互联网上的年轻人最爱聊的话题之一就是：我什么时候可以实现财富自由，可以不用上班，完全按照自己的想法来生活？

幻想一夜暴富、快速发财，实现财富自由，年少时的我也做过这样的梦。但是渐渐步入中年后，我越发意识到：一夜暴富不能让我们实现财富自由，我们只能通过收入的不断积累来实现财富自由。

美国社会心理学家亚伯拉罕·马斯洛曾经提出过“人类需求五层次理论”，他认为人的需求按照从先到后排序分别为：生理需求、安全需求、社交需求、尊重需求、自我实现需求。很多人想通过财富保障自己的安全，让自己获得社会地位，这都是“需求层次理论”的具体体现。不同的人所处的需求层次不一样，财富对他们的意义也不一样。

例如，一个年轻人会觉得，我赚到1000万元就实现财富自由了，靠着这1000万元我就可以很好地过完余生，满足自己、家庭的需求。但是如果按照这个理论，巴菲特早就应该退休了，他的资产早已达到我们所说的财富自由。但是，巴菲特仍在参加股东会议，亲手操盘。因为在他看来，财富自由是一个伪命题，一直去做自己喜欢的事情，不断让自己的资产增加，这才是实现自我价值的过程。

但是，仅仅依靠不断努力，还远远不足以让我实现财富自由。努力的人那么多，有几个真的实现了财富自由？

所以，想要财富自由，还需要打通关键一环：被动收入。

要理解什么是被动收入，首先要了解主动收入的定义。所谓主动收入，就是需要付诸行动才能获得的收入，工作就是典型的主动收入形式。主动收入是有天花板的，即便我们是一家公司的高管，但我们的工资、奖金和工作时间是明确的，很容易就能计算出来我们的收入是多少。

而被动收入则与主动收入完全相反。每个月我们几乎可以不干什么，但是依然有收入可以到账，这部分收入就是被动收入。用一个形象的例子来说明：我们玩一个游戏，某个技能不用按键就可以自动被激活，比如自动反击、自动加血。

其实，巴菲特的成功正是源于被动收入。早在1988年，巴菲特就以42美元的价格买入了1417万股可口可乐的股票，到了1989年又以47美元的价格买入918万股，1994年又追加了660万股。到了自巴菲特1988年首次买入可口可乐股票后10年的1998年，可口可乐的股价大爆发，巴菲特手中的股票的市值翻了十几倍！

除了三次买入，其他时间巴菲特并没有再对可口可乐的股票进行任何操作，但却获得了十几倍的回报，这就是典型的被动收入。巴菲特的日常工作当然有工资，但那只是满足他基本生存的收入来源，被动收入才是他创造财富神话的关键。

当然，我们不必完全模仿巴菲特，只盯着股票市场寻求获得被动收入的机会。被动收入的范围非常广泛，包括房租、债券、存款、股息、利息、退休金、企业分红、版权、捐赠等。我们应当梳理自己的行业、工作岗位、工作状态，然后寻求适合自己的被动收入。

例如，如果我们是一名销售员，那么就要努力做到销售主管的位置。因为这样一来，我们下面的销售经理每卖出一套房子，我们也可以获得一定比例的佣金，这笔佣金就是我们的被动收入，它不需要我们自己去跑市场、见客户。如果我们是一名企业的中高层管理人员，这时候有一家初创公司找到我们，除了较高的工资外，还会给我们提供股份，每年都能享受分红。只要这家公司有潜力，具备持续发展的能力，那么股份分红也是被动收入。很多时候，被动收入的增长空间要远远大于我们的主动收入！

在保证主动收入的前提下，我们要尽可能拓展被动收入的空间。这是我给所有人，尤其是度过职场初期、已经跨过30岁门槛的人最直接的建议。古人有一句话非常精妙：无财作力，少有斗智，既饶争时。这句话的意思就是：当我们没钱的时候就要努力劳动，获得收入；有了一定积累后，就可以探索被动收入的渠道，加速赚钱的速度，从而实现财富自由。想要实现财富自由，就少一点幻想，先确保主动收入，再打开被动收入的大门，这样我们实现财富自由的概率就会大大增加。行动起来，摆正自己的人生观与价值观，然后不断去努力，财富自由才有可能真的实现！

投资自己是最好的投资

说到投资，我们通常会想到股票、基金等金融工具。但投资不仅仅局限于“钱”，我们的时间、社交关系、青春、兴趣爱好、学历、知识等，都是可以投资的领域，甚至它们比单纯的资金投资要更有价值。换而言之，最好的投资，就是投资自己。我们要将投资的思维应用到生活的方方面面。

尤其是时间，是我们最缺乏的资源。每个人的青春只有短短的几年，在这个阶段，我们最有精力、最有斗志、最容易创造财富。如果我们能好好利用这段时光，为未来打好坚实的基础，那么我们的人生就会更加充实和成功。

然而，在我们的身边，有些人忙于升级打怪，有些人忙于职场斗争，还有些人终日浑浑噩噩……他们没有对时间进行投资，也没有对自己的人生进行一个很好的规划。这些人总是被外在事物牵着鼻子走，每天看起来很忙，但又好像没有取得任何进步。渐渐地人到中年，他们想要静下心来再去规划时间进行自我投资，却发现无论是精力还是家庭生活，都让自己有一些“有心杀敌，无力回天”。

所以，想要真正拥有财富，我们就要将自己的视野放开，进行自我增值。我们不要只盯着工资、股票、基金，而是要看到自己的现状，进行有计划的投资。我们需要不断学习、不断充实自我，这是投资自己的关键。很多时候，往往那些看似不相关的专业和学习，反而可以成为我们的“个人资产”，帮我们打造专属的“跨学科思维模型”，从而不断拓宽我们的“能力圈”，让我们收获人生的“现金流”。

我认识一个小兄弟，他不过是一名大专生，家庭条件也很普通，看起来似乎没有什么竞争力，尤其是在人才辈出的北京。但是这个小兄弟有一个“奇怪”的爱好：只要对某件事情产生兴趣，就会投入其中，废寝忘食地钻研。大学期间，他喜欢上了播客，就自己钻研录音技术，并不断在各大平台分享自己的节目。他的粉丝数不算多，但他似乎并不在意，而是不断探索播客制作的细节。

毕业进入职场后，这个小兄弟一方面在闲暇之余继续做播客节目，一方面又看到了区块链这个新鲜的事物，于是再次投入地学习。而他的本职工作是在一家地产公司做销售，这些爱好都与他的职业无关。他给自己制定了一份非常完善的时间规划：一周做两次播客录制，去一次国家图书馆阅读区块链的书籍，还让朋友从国外帮自己买更有深度的图书。就在2021年，他的区块链播客节目忽然走红，因为中国也在加速区块链的应用。某大型公司在网上发现了这个年轻人，与他取得联系后毅然将其挖到了自己的公司。经历了很短的实习期后他就成为该公司区块链团队的主管，因为当时国内并没有多少真正的区块链人才。靠着自我增值，如今的他已经在北京站稳了脚跟，年薪达到了百万元，不必再像同龄人一样忧虑是继续留下还是“逃离北上广”。这个小兄弟如今已经有了新的兴趣点，在我的眼里他的未来不可限量。

我也一样，越发意识到投资自己的重要性。30岁左右时，我经历了人生的大起大落。28岁那年，我参与合伙创立的企业已经年营业额近亿元，公司拥有数百名员工。但不过两年的时间，我却一夜返贫，负债累累，那个阶段是我人生中最难熬的阶段。

不过，即便非常难熬，我还是选择给自己进行充电。因为我知道，未来是不可预知的，想要突破当下，就要做好准备，只盯着脚下只会让自己陷入原地踏步的状态。我毅然决定竞争名校的MBA，去考各种与金融相关的证书，决定转向金融行业，去接触我以前很少接触的领域。

在当时，我并不知道这个选择未来能给我带来什么，但是通过读书学习，我发现自己获得了更多的资源：不仅是学习方面的，还有人际关系方面的。我结识了优秀的老师和同学，从他们的身上我开始逐渐打开视野，意识到自己还有很多选择和可能性，让自己从头再来。这个经历让我重燃“逆袭”的信心！虽然完成学业需要花费一笔资金，但正如我所说：这是投资不是消费，是一次无价的经历！

在这个过程中，我也开始分析自己。我发现，我的性格决定了我并不擅长管理和创业。我更擅长技术方面的探索，喜欢进行数据分析，擅长与他人进行深度的交流，而不擅长广泛而肤浅的交往。我不再总是想着创业时的那些事，而是重新挖掘自己的特点，补足专业能力。渐渐地，我才走出低谷，并找到了自己的最佳位置。

最后，再说一点实际的内容。我们投资自己，提升自己的能力，就是想要获得更多的收入。所以，我们要通过开源的模式，实现收入的增加。如果是年轻人，我建议专注于主业，因为这个时候他们的主业正处于快速上升期，一分耕耘一分收获，专注才能带来更大的成长，为自己以后的升职加薪打好基础。但对于已经迈入35岁的朋友来说，他们的主业已经开始进入瓶颈期，虽然还有一定的上升空间，但他们已经感受到天花板。这时候我们需要做二次职业规划，重新思考自己的职业路径。有时间有精力的人可以去深造学习或是参加培训，考取相关证书或职称职级，提高自身能力和业务水平，然后在合适的时机升职加薪或跳槽。

做一名当下流行的“斜杠青年”，即拥有多重职业和身份，是我们自我投资的途径。我们的收入，既可以来自主业，也可以来自兼职。如果我们的工作比较稳定，也相对比较清闲，我们暂时没有离开工作舒适圈的勇气或是没有找到离开的时机，那么我们就要学会合理安排业余时间，发挥自身优势兼职开源。如果没有找到“斜杠身份”，那么我们不妨去学习，因为学习的过程本身就是实现“斜杠”的过程。

就像我自己，我会利用业余时间做讲师。而想要获得这份收入，我就必须在这个领域不断学习，达到一个讲师的标准。我们也可以有自己的选择：如果懂设计，那么可以在网络上兼职图片设计、PPT设计；如果文笔不错，那么可以兼职一些微信公众号文章的写作。对于具体的领域，我们需要从爱好、能力入手进行分析，但有三点是要注意的：一是不影响正常工作和休息；二是最好能和自己的兴趣相匹配或对将来的发展有益；三是要学会坚持和放弃。对于不适合自己的职业或身份，就要“断舍离”，要将时间用在更有价值的学习之上。给自己一些时间，我们就会发现投资自己才是最有价值的事情！

如何正确认知自己和金钱的关系

在财经课上，我经常遇到不少粉丝问我这样的问题："张老师，为什么我赚钱的速度就不如别人快，是不是我的财运还没来？"

我相信不少人都有这样的想法，尤其是那些很努力赚钱的人。如果将自己是否赚钱归因于"财运"，则说明我们还没有意识到自己与金钱的关系，误以为运气才是决定财富的关键。

我经常分享一个故事，希望给大家带来启迪。

我认识一名身家颇丰的台湾女士，如今她已经60多岁了，早已实现了财富自由。早年她从台湾大学毕业，然后到美国读了研究生，后来回到台湾恰恰赶上了台湾股市的起飞，当时市场非常疯狂。

年轻人看到股票市场的活跃，自然也想参与其中分一杯羹，这名台湾女士也不例外。她带着50万台币入市，最疯狂的时候，她豪赚8500万台币，用时只有一年半的时间。这就是我们很多人都在期盼的"财运"，当时她还不到30岁，就已经赚到了很多人一辈子都赚不到的钱。

有了钱，她自然开始买鞋子、买衣服，生活进入非常富足的状态。更难能可贵的是，她没有像有的人那样依然在股票市场不断折腾，而是在最高点时全部变现。

后来，台湾股市经历了泡沫期后开始下滑，从2万点跌到了1万点，已经跌去了一半。这时候她觉得可以买回了，因此又开始进行抄底。谁知道，股市开始跌跌不休，一直又跌到了2000点，这让她的所有投资全部被套牢，很短时间内又回到了最初的生活状态。

这次经历让她感触颇深。她和我讲起这段故事时说：从50万台币赚到8500万台币，凭借的只是运气，自己几乎没有什么完整的投资理念。不是认知里的钱，早晚还要还回去。唯一值得庆幸的是，她听从父亲的话没有加杠杆，否则不仅赚的钱全部赔光，甚至还有可能留下一屁股负债！

这样的独特经历让她开始重新审视自己，重新规划自己的人生。她见识到了股票市场的疯狂，于是将金融行业作为了自己未来的目标。她进入了一家证券基金公司工作，从最基层的员工做起，最终成为一代基金女王。后来，她又投资了房地产领域，20世纪90年代就在北京、上海买入了很多房子，获得了非常高的回报。

从50万台币到8500万台币，这名女士只用了1年半的时间，但又用同样的速度亏完。而真正让她走上财富自由的，则是从零开始的重新奋斗。在这个阶段，她才认识到了自己与金钱的关系，通过自己的认知和努力去赚钱，而不是停留在运气之上。

我经常与粉丝们分享这个故事，每次他们都会感悟颇深。如果我们不能明确自己的价值观和目标，也没有想过赚取金钱的正确途径，对金钱只是抱有一种“幻想”的态度，那么即便短时间内靠运气获得了一笔财富，我们也很难长久地持有它。只有通过认知和努力赚来的钱，我们才能感受到它真实的价值，且学会管理金钱，包括制定预算、积累储蓄、投资等。当我们与金钱的关系是互相成就时，它才能如滚雪球一般越来越大。

那么，对于还在打拼的人，该如何去做呢？不妨看看身边的人，我们就能找到答案。也许我们是一名普通的房产中介，每个月收入几千元。但是公司里一定有优秀的房产中介，每个月收入达到几万元甚至几十万元。我们可以去看看他们是如何工作的，是如何对待客户的，在闲暇之时又是如何进行自我提升的。

看到优秀的人是如何规划职业的，我们就有了模仿的样板。接下来，我们需要对自己的资源进行分析：一类是内在资源，如专业知识、知识面、思维方法、性格优势等；另一类是外在资源，如社交关系网络等。去寻找薄弱点进行突破，每次一个细节的提升，都有可能给我们带来收入的增加。我们也许做不到一夜暴富，但是我们与金钱建立了彼此促进的关系，未来就会获得让自己意想不到的回报！

第 9 章

理财进阶：如何才能让财富保值增值

理财是一门学科，更是一门艺术：唯有经历漫长的时光，它才会凸显价值。对于理财来说，我们是否有一份完善、合理的计划，可以以周、月、年为单位，实现复利增长？倘若不尊重这门艺术，只是幻想一夜暴富，则我们的理财之路永远都不会走上正轨。绕开理财路上的陷阱，用时间换取稳定的资产增值，建立家庭理财配置策略，我们就会看到：我们的财富正在以肉眼可见的速度增长！

我只想要稳稳的幸福

理财究竟是什么？这个问题我问过很多人，不少人的回答是“一夜暴富”。但事实上，这样的故事只有在小说和影视剧里才会出现。如果通过理财可以快速实现致富，那么几乎人人都可以成为巴菲特了。

在我来看，理财并不是走捷径，而是让自己的资产在保持稳定的前提下，通过复利不断增值。资产增值的速度也许并不快，但是每年都会稳稳地上一个台阶。这种稳稳的幸福，才是理财的目的。

理财时坚守的四个原则

想要做好理财，除了建立正确的理财思维之外，还要坚守几个重要的原则，它直接决定了理财的最终目的能否实现，理财的过程是否稳定。

第一，就是不懂的不要投资。投资不是游戏，我们要真金白银地花钱，如果只是盲目地听别人的推荐，或是仅仅看到了某只股票目前的市场热度较高，就不管不顾地选择买入，那么大概率最终会以失败告终。看看那些在股票市场被套多年的散户吧，他们就是这种状态的真实写照。

投资大师彼得·林奇说过："如果不做研究就投资，就和玩扑克牌不看牌面一样。"打扑克我们还要认真分析牌局，对待投资就更加不能草率。哪怕某个投资项目当前有多少人参与，只要我们还没有认真分析，那么就不要选择加入。事实上，所有投资大师都遵循"不懂不投"的原则。以巴菲特为例，他的投资领域主要是食品、饮料、快消品等，如可口可乐、雀巢、保洁等，但是他对科技股领域非常慎重，仅仅投资了苹果。这是因为，巴菲特对科技行业缺乏足够的了解，那不是他精通的领域。所以即便科技股在某个阶段走势非常强劲，巴菲特也不会脑子一热进行投资。巴菲特尚且如此，更何况我们？

第二，就是做好理财投资组合，不把鸡蛋放在一个篮子里。有的人在理财时往往只看到收益率最高的某个项目，会将所有资金都投入其中。这并不是合理的理财方式，实际上任何单一的投资品种都很难获得持久稳定的收益。高收入始终伴随着高风险，收益率越高的理财背后的风险越大，一旦出现崩盘会直接导致我们的资金全部被套牢。

因此，做好理财投资组合才能有效降低理财风险。如果将理财投资组合比作一粒粒种子，那我接下来要做的事情就是等待，让时间把我们的种子变成参天大树。

那么我们可以拿哪些东西来放到理财投资组合里呢？

我们把理财投资组合比作吃饭，吃饭讲究营养均衡荤素搭配，理财投资也是如此。股票收入可能很高，但风险过大，一旦被套可能短期内无法解套；银行存款虽然稳定，但收益太低，根本没法跑赢通货膨胀。所以，我们需要做的就是把不同的理财投资方式进行搭配，达到平衡收益、分散风险的目的。

表9–1是一份理财计划表，它适合绝大多数人，我们可以根据自身的实际情况对配置比例进行适当调整。

表9–1　理财计划表

类别	内容	配置比例
固定收益（主食）	银行存款、货币基金、银行理财、债券基金、国债、国债逆回购	40%~70%
中等收益中等风险（蔬菜）	混合基金、偏股型基金	10%~30%
高收益高风险（肉类）	纯股基金、股票、期货	5%~10%

为什么会设定不同的配置比例？我们依然用吃饭来做通俗的解释。我们吃饭时会讲究主食、蔬菜、肉类的搭配，其中主食占的比重最大，蔬菜其次，肉类的占比相对来说比较少，这是相对健康的搭配。理财投资也是一样，固定收益的投资品种一般收益比较低，为2%~5%，虽然收益低，但稳定性很好，基本没什么风险，让我们心里踏实。具体配置比例可以根据自己的风险偏好做一定的调整。

如果偏保守就多配，偏激进就少配。

除了风险偏好以外，我们还可以根据自己资金的用途和闲置时间来配置。例如，日常使用的资金可以投资货币基金，半年以上的闲置资金可以配置银行理财或者债券基金，三五年不用的资金可以配置国债。

接下来来看蔬菜部分，中等收益的投资产品的风险相对较为平稳，比如混合基金和偏股型基金的收益率往往为8%~15%。当然，如果遇到一些极端行情，其收益率也会发生明显变化，很可能在短期内出现亏损，所以不要觉得这是一本万利，一定要做好可能会出现小额亏损的心理预期。对于每一个理财产品，我们都要认真学习和分析，确定对其有了充分的了解后再进行购买。

而如肉类那样比例最小的理财，就属于高收益高风险理财，纯股基金、股票和期货等都属于这一类。这种理财项目需要大量的专业知识和大量的时间进行操作，并不适合普通人重仓购买，其下跌幅度可能超过20%甚至30%，风险非常大，所以一定要控制配置比例，如果没有相关领域的经验和学习，那么短期内可以暂时不做配置，待时机成熟后再进入。

第三，就是要把“风险控制”放在第一位，宁可不赚钱，也不能赔钱。不少人想通过理财快速暴富，就选择使用高杠杆进行投资。从表面上来看，利用杠杆可以放大收益，但它的前提是：杠杆比例合适。我并不反对在理财时使用一定的杠杆，但是非常反对采用高杠杆，因为它的风险不是普通人可以驾驭的。

例如，我们只有10万元现金，通过各种方式我们又融资了5万元，这就是合理的杠杆，既可以保证更大的收益，也具备较高的安全性，即便某一笔投资出现失误，我们也可以在不影响生活的前提下偿还。但是，如果我们融资了20万元、50万元，自己的本金却只有10万元，这就是典型的高杠杆。一旦遭遇投资失误，我们就需要背上非常高的债务，利息越滚越多，甚至无法翻身。

不少人都听说过2015年股市大跌时，一些投资人在绝望下走上不归路，背后的原因就是他们使用了极高的杠杆，已经无法偿还债务。

对于绝大多数人来说，即便不使用杠杆，利用自己的闲置资金做投资，也能够获得稳定的资产增值。对投资保持理性的心态，做好风控，通过10%左右的稳健收益做复利投资，这才是最稳妥的理财投资模式。

第四，就是别人贪婪我恐惧，别人恐惧我贪婪。我们要明白一点：投资是反人性的。真正赚钱的投资大师，是在股票市场崩盘之后，所有人都不敢再投资，市场一片萧条时才开始建仓的；当市场回到牛市，就连卖菜大妈都要跑着进场，投资者极度贪婪的时候，他们开始逐渐减仓，锁定收益。

我们常说的“韭菜心理”是什么？就是别人恐惧，我也恐惧，甚至更恐惧；别人贪婪，我也贪婪，甚至更贪婪。结果，我们做任何投资都是在最高位买入，在最低位卖出，陷入越投越赔钱的境地。想要做好投资，就必须杜绝这种心态，逆人性交易。

理财原则还有很多，但这四个对普通人来说是最重要的。先做好这四个方面的准备，再去学习更多的理财技巧，这样我们才能在保住本金的前提下，不断扩大收益。

投资理财会掉入哪些陷阱

无论是谁，在做投资理财时都不可能100%正确，巴菲特也是一样。我们必须规避投资理财的那些陷阱，这样才能将风险降到最低。

第一个陷阱是，相信所谓的“保本高收益”。现在关于投资理财的宣传天花乱坠，在微博和微信上我们总是会看到各种各样的广告，例如，每年固定收益率12%，甚至有的高达20%。这样的收益率看起来似乎非常可观，但是只要我们冲动购买，也许最初的两个月会获得承诺的收益，但接下来收益就会骤减，甚至平台会跑路。

这样的收益率是明显不符合投资逻辑的。我们做这样的投资理财项目，谁给我们支付收益？很显然，就是借债主体的企业或个人。但事实上统计数据显示，中国企业的税后平均利润率仅有3.3%，而税前利润率也不过5%。这些项目给到投资人的收益率往往是10%以上，这么高的收益率是如何做到的？

很显然，平台就是依靠拆东墙补西墙的模式，将后来进入的客户的资金拿出来给你。一旦没有新的客户进来，那么就会出现漏洞，平台一跑了之。

那么，我们该如何避免落入这样的陷阱呢？在此我分享一个3w1h提问法：谁借钱（who）？借来做什么（what）？拿什么还钱（how）？什么情况下有风险（when）？

假设用3w1h提问法来判断那些高回报的投资理财项目，我们可以提问：

谁借钱：某个经营企业的朋友。

借来做什么：资金周转，企业经营需要。

拿什么还钱：企业利润。

什么情况下有风险：公司利润低于利息的时候。民间借贷的利率往往高达40%以上，企业的利润则可能低于10%，这样的差距预示着民间借贷从一开始就是短命的，只是时间早晚问题。

在进行了这样的分析，我们就会发现问题所在。“违背投资逻辑的不投”这一原则虽然不能教我们如何选择好的投资标的，但却能让我们完全避开潜在的深坑。

第二个陷阱是，幻想通过“小道消息”获得财富。无论是在微博上还是在微信上，都有大量的所谓股票分析师、“VIP交流群”，他们每天分享各种道听途说的投资消息，并冠之以“内部消息”，然后高价卖给粉丝和群成员。

也许某一次，这种“内部消息”的确给我们带来了收入，但我们是否想过这样一个问题：既然能获得内部消息，那他们为何还要分享给其他人，自己赚钱不是更好的选择吗？尤其是一些涉及内部的真实消息，原则上是越少人知道越好，这样才能真正发挥“信息差”的作用，保证自己比所有人都先一步获利。

所以，所谓的“小道消息”本身就是违背投资逻辑的。尤其在股票和基金市场，很多散户根本就没有系统学习理财投资知识和相关技能，只是凭借小道消息做投资。在买入基金前，他们既不会去了解基金经理的水平如何，持仓结构怎样，更不会去分析这些企业背后的基本面信息。我们与其在打听小道消息上花不少钱，倒不如买书、买投资理财课程，建立一套属于自己的交易体系，这才是正确的投资心态。

第三个陷阱是，看排名买基金。不少人在购买基金时，往往会关注基金排行榜，认为按照基金排名选择，肯定能买到最能赚钱的。但事实上并非如此。

基金的排名靠前，只能代表它过去的业绩还不错，但并不代表它未来的表现一定好。基金领域有一个专有名词“冠军魔咒”：某一年排名前列的基金，下一年的表现通常都会不尽如人意。这是因为，市场的热点永远不会只停留在某一个板块，而是呈现出轮动的特点。某一年表现抢眼的基金往往是在某个阶段内恰恰踩在了风口之上，相关企业的业绩一路飘红；但是当该领域出现投资过热后，投资机构就会将资金转移到利润空间更大的板块之上。市场风格和逻辑有了变化，那么曾经的先头部队就会变成落后部队。

所以，选择基金不能只看排名，排名只能作为参考。如果不加分析研判就贸然买入，我们就会陷入“追涨杀跌”的错误投资理念之中。

家庭资产配置策略

当我们有了家庭，尤其是在孩子出生之后，理财的复杂程度将会大幅提升。我们不仅需要保证自己的财富不缩水，还要保证整个家庭的财务健康运转，保证有足够的资金用在家庭的稳定、孩子的成长之上。所以，对已经成家的人来说，一定要做好家庭资产配置，它不仅决定了家庭的收入，更决定了家庭的幸福。

家庭资产配置的那些事儿

无论我们是工薪阶层还是亿万富翁，做好家庭资产配置都是必要的工作。只有通过合理的资产配置和管理，我们才能更加灵活地运用财富，创造更多的财富。家庭资产配置与个人理财的基本思路是一致的，就是将家庭可用的投资资产分配到不同的投资类型中，以实现资产的最优组合，从而达到投资目标并控制风险。

1. 通过“标准普尔家庭资产象限图”进行资产组合

在开始家庭资产配置前，我们要对家庭资产进行归纳，并通过

“标准普尔家庭资产象限图”，将家庭资产分为要花的钱、保命的钱、保本升值的钱和高收益的钱。

要花的钱，就是家庭日常支出需要用到的钱，通常建议保持在家庭可支配资产的10%。这个账户主要是为了保障家庭短期开销，包括日常消费、美容、旅行等各类费用。

保命的钱，就是为了预防突发事件的钱，通常占家庭资产的20%。这笔钱主要用于购买意外伤害险、重疾险、医疗险，以及可能出现的家庭临时资金需求。

保命的钱，不要与要花的钱混在一起，应当开设独立账户。这个账户也许我们平时很少关注，但是一旦到了关键时刻，我们就不会为了着急筹钱而需要卖车卖房、低价套现股票等，或者没有尊严地到处借钱。

保本升值的钱，就是通常意义上的“家底”。这笔钱的主要用途，就是来当养老金、教育金、婚嫁金等，保障整个家庭的稳定，通常占家庭资产的40%。这笔钱我们可以存入银行，或是购买风险非常小的理财产品，只要收益稳定，可以抵御一定的通胀即可，关键是保证本金不能有任何损失。

高收益的钱，就是用于投资的钱，一般占家庭资产的30%。例如，股票、基金、房地产、期货、公司股权等都属于高风险高收益的投资品种。

每一个家庭都要拥有这四个账户，并且按照固定、合理的比例进行分配，这样我们才能保证家庭资产稳定、长期增长。

2.对家庭资产进行分类

接下来，我们需要根据实际情况进一步对家庭资产进行分类。

一是贵重资产。包括房屋、车辆、投资金条、金银首饰、高档电气设备等，价值在500元以上的都要按明细列出，可按购买价计算，也可按重置价或扣除折旧后的净值统计。例如，一台电脑的购买价5000元，准备使用五年后淘汰，目前已使用两年，净值就为3000元。

二是日常用品。凡价格在500元以下的物品皆归此类，如电灯电话、餐具炊具等。这些低值易耗品多而杂，难以逐一罗列，可大致估算，不需要太具体精确。

三是有价证券。包括股票、债券等，可以按照每天的市价进行计算，资产减法借贷即为净值。

四是古玩字画。包括家庭收藏的古董字画等，这些需请有关专家为我们估值。

五是生意资产。产业、工具、存货是资产，借贷及应付款是负债。

对绝大多数普通人来说，第四项和第五项我们可能并不拥有，所以重点就是前三项。建立家庭资产档案可以帮助我们了解真实的家庭财务数据。一般来说，我们应当每半年或一年进行再次计算。

经过这样的统计，我们就可以知道一旦有资金需要，我们能够筹集到多少资金，这对增强投资理念、加强资产管理、挖掘盘活家庭资产都很有帮助，也有利于我们制订合理的财富增长计划。

表9-2就是一份完善的家庭资产负债表，我们可以自己根据实际情况进行填写。

表9-2　家庭资产负债表

单位：元

<table>
<tr><th colspan="2">资产</th><th>金额</th><th colspan="2">负债</th><th>金额</th></tr>
<tr><td rowspan="4">现金及现金等价物</td><td>现金</td><td></td><td rowspan="7">贷款</td><td>住房贷款</td><td></td></tr>
<tr><td>银行存单</td><td></td><td>公积金贷款</td><td></td></tr>
<tr><td>银行卡资金</td><td></td><td>教育贷款</td><td></td></tr>
<tr><td>其他</td><td></td><td>消费贷款</td><td></td></tr>
<tr><td rowspan="3">金融资产</td><td>股票</td><td></td><td></td><td></td></tr>
<tr><td>债券</td><td></td><td></td><td></td></tr>
<tr><td>基金</td><td></td><td></td><td></td></tr>
<tr><td rowspan="3">实物资产</td><td>车辆</td><td></td><td rowspan="7">债务</td><td></td><td></td></tr>
<tr><td>珠宝</td><td></td><td></td><td></td></tr>
<tr><td>字画</td><td></td><td></td><td></td></tr>
<tr><td rowspan="2">房产</td><td>住房</td><td></td><td></td><td></td></tr>
<tr><td>门面</td><td></td><td></td><td></td></tr>
<tr><td rowspan="2">债权</td><td></td><td></td><td></td><td></td></tr>
<tr><td></td><td></td><td></td><td></td></tr>
<tr><td>总资产</td><td></td><td></td><td>总负债</td><td></td><td></td></tr>
<tr><td>净资产</td><td colspan="5"></td></tr>
</table>

在定期更新家庭资产配置，对配置策略进行调整时，我们需要考虑家庭的风险承受能力、收入、支出、投资目标等因素，以确定最合适的资产配置比例。同时，也需要定期检查和调整资产配置，以适应市场和家庭情况的变化。

除了资产负债表，我们还需要建立一个家庭收益表，对我们的收入状态了如指掌。家庭收益表可采用收入、支出、结余的“三栏式”，方法上可将收、支发生额以流水账的形式逐笔记载，月末结算，年度总结。同时，按家庭经济收入（如工资收入、经营收入、借入款等）、费用支出项目设立明细分类账，并根据发生额进行记录，月末小结，年度做总结。表9-3是一份家庭收益表模板，可以作为参考。

表9-3　家庭收益表

2020年	期初结余	收入	支出	期末结余
1月	1000元	10000元	8500元	2500元
2月	2500元 （为上月期末结余）	11000元	8000元	5500元
3月	5500元			

有了这样一份清晰的收支记账表，我们就能了解整个家庭在一定时期内的经济收入、支出以及结余情况。这样一来，我们的家庭就可以有计划、合理地安排开支，节省费用，这对于家庭理财是最为重要的。当我们养成了统计的习惯，了解了家庭的整体财务状

况与收支状况，我们才能制定更加完善的家庭资产配置。

理财到底在理什么

理财到底在理什么？这就像一个哲学问题：人究竟为什么而活？似乎每个人都可以给出一个答案。在我的眼里，理财既不是洪水猛兽的灾难，也不是实现财富自由的高级武器，它最重要的目的，就是给我们带来稳稳的幸福。

说白了，理财就是有效地管理个人和家庭的资产，以实现财务目标的过程。资产管理涉及识别资产、确认价值，以及采取措施来保护和最大化其价值。

在理财中，我们重点关注的就是投资。我也一样，在保证安全的基础上，我希望理财项目可以产生稳定的收益，包括股票、债券、房地产和其他各种资产。

但现实情况却是：我们很难做到稳定地理财，总是容易产生赌徒心态。看看自己，是否有下面这些行为：

喜欢拍脑门，做事靠感觉。只关注对自己观点有利的证据，无视那些不利的消息。

非常坚定自己的想法，知道有概率这回事，但懒得看也懒得学，当然更不会相信了。

如果依照自己的想法恰好蒙对了，就会加深对自己想法的信心，甚至如获至宝。

如果我们身上恰恰有这些问题，那么我们就不是在理财，而是在赌博。我们必须承认：虽然看起来我们在理财时经过了思考，但是事实上我们并不擅长用概率进行分析，而是习惯用直觉做判断。

例如，当我们在某个月连续两次中了彩票五等奖时，我们就会觉得自己继续中奖的概率比别人大得多。当我们恰好买到一只牛股赚了点小钱，我们就会觉得自己是交易天才，是股神转世，随便投资都能赚钱。

理财时最重要的是什么？不是我们在某个时间段内实现了多少盈利，而是我们是否将损失的风险降到了最低。投资可能会有亏损，短期内也许我们的投资回报率很高，但是如果将时间维度拉长，数据为负的话，那么我们的理财就是失败的。

只看到收益，而忽视风险，这是多数人都会犯的致命错误。他们完全没有理解理财的意义。例如，我们明明知道买垃圾股可能会让自己亏很多钱，但看到它的股价在近几日正在快速上涨，我们还是忍不住短线赚钱的诱惑，跟着别人炒作。结果在我们高位接盘后，其股价快速下跌，导致我们被彻底套牢。

当看到投资失误时，我们可能会陷入极端思维，想要在极短的时间内迅速回本。于是，我们很容易把自己所有的资金都投入一两只股票或基金中，心里想着：“最后赌一把，都亏了这么多了，该轮到我赚了！”

将梦想放在一个小概率事情上，希望凭借运气解决问题，成功率有多高？相信我们自己心里都有一个答案。钱多的话就做价值投资，钱少的话就赌一把。这可能是很多投资者的心态。

所以，在金融课上，我经常强调：我们都是普通人，不要幻想通过投资理财一夜暴富，这是风险很大的事情。我们追求的是在尽量降低风险的同时，获得可观的收益。在时间的复利下，慢慢变富。

慢即是快，这个道理似乎人人都懂，但又完全摸不到门道。自己慢不下来，就会不愿意学习，不愿意了解投资的各种知识，而是将别人所谓的“投资建议”作为理财手段。

我就认识这样一位阿姨。她和我说，为了帮自己的儿子买房子，她把整个广州的新楼盘全都去看了一遍，还跑坏了3双鞋。在这件事上，她付出了足够的努力，不断学习各种知识，所以她帮孩子挑选的房子让全家人都很满意。这种毅力让我深深折服。

但是，在买股票这件事上，她却完全不是如此。她不做任何市场研究，只是从各种杂七杂八的渠道听有人给她推荐某只股票就买进。至于为什么要买，不知道；这家公司的主业是什么，不知道；这家公司生产的产品的市场占有率为多少，它的上下游公司是谁，不知道。

这位阿姨虽然已经进入股票市场数年，但直到今天依然处于赔本的状态。市场上很多散户都与这位阿姨类似，平时连买一卷卫生纸都要货比三家，为了价值30元的优惠券可以排队2个小时等待。但他们在投资股票时却一分钟都不想耽误，听到别人说“今天就会涨”后，不到三分钟就毅然把几万元扔进去。

在我看来，这样的行为就是“人格分裂症”。很多股民买卖股票并不是建立在事实依据之上，而是建立在想象之上。他们分不清什么是事实，什么是推理，总是把想象当成买卖依据。例如，“我觉得大盘要回调了”“我觉得个股已经跌到位了，这里就是底部了”。如果问他们为什么做出这样的结论，他们却支支吾吾地说不出什么原因，甚至大谈特谈玄学的内容。

有的朋友会这样解释：这些专业知识我根本看不懂，也没有时间去学习！可是，为什么我们能对一个30元的优惠券仔细分析，花几个小时找到“最大限度薅羊毛”的方法，却不愿意每天花哪怕十分钟的时间去研究一只股票呢？我们忽视风险、随意投资，结果最终亏钱，但是交易所却不会因为我们不懂，就选择给我们退钱。

人性的缺陷就是：喜欢听自己爱听的信息，漠视让自己不舒服的信息。但理财却需要“反人性”，我们要关注那些可能存在的隐患并积极做出行动，尽量降低风险。至于收益，只要我们做好风控，那么它们就会不请自来。买股票如此，买基金、买黄金以及其他所有投资都是如此。理财理的是风险，然后才是收益。理解了这一点，我们才能真正做好理财！

基金到底怎么选

对于多数人来说，基金是在高风险投资领域中安全系数最高的产品。虽然它的收益率可能比不上股票，但在较低风险的保障下，如果可以做到复利，那么它的最终收益率同样非常可观。

不过可惜的是，绝大多数散户在基金领域依然走得磕磕绊绊，经常陷入被套牢的境地。久而久之，不少人便对基金产生了恐惧，认为这种投资只是“看起来很美”，实际操作却截然相反。

在金融投资课上，不少粉丝都和我表达了这样的观点，并咨询我基金到底怎么选，有什么诀窍。基金的选择当然有技巧，但是我们首先要了解一下基金究竟是什么，再去谈论“术”，这样才能做好基金投资。

所谓基金，就是基金公司汇集投资人的钱，然后由职业基金经理购买股票、债券等资产，从而获得收益。投资者不直接参与基金的具体投资项目，而是通过基金管理人运作基金从而获得投资收益。基金的类型有很多，包括货币基金、债券基金、股票基金等。我们既可以独立购买，也可以组合购买，因此它具备一定的复杂性，非常考验我们对金融市场的理解和判断能力。

简单了解了基金的构成和类型之后，接下来我们就要修炼挑选基金的技巧。

1. 选择基金的技巧

先来看看选择基金的基本技巧。

一是研究基金的类型。不同类型的基金有不同的风险和回报特点。例如，股票基金通常具有高风险、高回报的特点，而债券基金通常具有低风险、低回报的特点。我们应该根据自己的风险承受能力和投资目标来选择相应的基金。

二是查看基金的历史表现。虽然过去的表现并不能保证未来的收益，但是了解基金的历史表现可以帮助我们了解其风险和回报特点。比较基金与其同类基金和基准指数的表现，可以帮助我们评估基金的表现是否符合预期。

三是评估基金的费用，包括管理费、销售费、退出费等各项费用。这些费用直接决定了我们的整体成本。通常来说，费用较低的基金更有可能在长期内表现优异。

四是评估基金的管理团队。基金的管理团队是影响基金表现的核心因素。查看基金经理的背景和经验，了解他们的投资策略和决策过程，可以帮助我们评估基金管理团队的能力。

五是评估基金的规模和流动性。大型基金可能更稳定，但可能难以实现高回报；而小型基金可能更灵活，但也更容易受到市场波动的影响。此外，基金的流动性也很重要。如果我们需要在紧急情况下快速卖出基金，那么较低的流动性可能会使我们面临较大的风险。

六是注意基金的风格。基金的风格是指基金投资于不同类型股票或债券的方式。例如，价值股票基金通常投资于具有低市盈率或低价格/账面价值比率的股票，而成长股票基金则投资于具有高收益增长潜力的股票。

这些技巧有助于我们筛选出最适合自己的基金，是我们投资基金时必须要掌握的基本技能。但是，不要以为掌握了这些技巧，我们就可以做好基金投资。这只是基金投资的入门技能，接下来还有更多的内容等着我们去学习。

2.为什么我们要远离“锚定效应”的心态?

掌握了一定选择基金的技巧后，接下来我们就要避免陷入“锚定效应”的心态。在行为金融学中有一个锚定效应：人们往往容易受第一印象或者第一信息支配，就像沉入海底的锚一样，把思想牢牢固定在某处。

在基金市场中，这种心态非常常见。很多基民常常抱怨自己的基金买错了，本来涨势非常喜人，结果自己一入场立刻崩盘。这些基民感到很疑惑，他们怀疑是基金或者经理的问题，但他们却没有想过，是不是自己看待事物的角度出了问题。

这类基民在投资基金时往往会以近期的排名为锚，选择涨幅第一的基金进行投资。他们不关注行业发展的态势，只盯着自己买入时的价格。如果基金之前涨了20%，后来市场震荡又跌回了一些变成了盈利14%，他们就会觉得自己“好像亏了”。当跌回入场价时，他们便忙不迭地选择清仓，并安慰自己说：“没有赔就是赚！”

然而过了两周，这只基金忽然又有了20%的涨幅，这时候他们会变得更加懊恼，认为煮熟的鸭子又飞了，陷入苦恼之中不可自拔。

这就是“锚定效应”给我们带来的问题。我们总是看着入场时的价格，并以此为参照。但事实上，一只基金的涨跌与我们设置的买入价和卖出价是没有多大关系的。基金价格不会因为我们设置“下跌30%就卖出”的规则，下跌到了30%就停止下跌；也不会因为我们设置“上涨20%就买入”的规则，上涨到了20%就停止上涨。

那么，我们在选基金时，该如何破解这个“锚定效应”心态呢？

唯一的方法就是不再只关注“价格的锚”，不要追涨杀跌，而是专注于价值投资。就像巴菲特在回答记者提问“人生中最重要的是什么”时说：“我希望自己和芒格能够活得更久。”

活得更久意味着什么？意味着可以拉长投资周期，可以收获更多“时间的玫瑰带来的复利效应”。

单看巴菲特的年收益率其实并不高，从2008年到2018年，超过10%的年份只有6个，甚至在2008年的金融危机年则为-9.6%。但是从1957年到2008年的61年，他的投资累计净值高达7.7万倍，这才是真正的投资大师。

巴菲特有一句非常著名的话，“若你不打算持有某只股票达十年，则十分钟也不要持有；我最喜欢的持股时间是……永远！”

价值投资需要长期坚持。对于基金投资者来说，基金定投或许是一个好办法。投资的要诀就是“低买高卖”，但却很少有人能够在投资时掌握最佳的买卖点从而获利。往往因为锚定效应，投资者会设置不合适的买入点和卖出点，造成损失和盈利不多的现象。

为避免这种主观判断失误，投资者可通过“定投计划”来投资基金，不用花太多时间考虑进场时点和市场价格，也不用为了短期波动而改变长期投资决策。

当市场震荡时，定投“逢低多买”的特点可以帮助我们积累便宜的份额。市场上涨后，定投回本往往更快，能享受更高的收益。

3.想要玩转基金，不能只有“术”

即便我们掌握了再多的基金选择技巧，这些也只是“术”层面上的奇技淫巧。想要通过基金真正赚钱，还是需要苦练心法，建立完善的交易体系与心态，这是成功路上最关键的一步。每个人的本金和承受风险的能力都是不一样的，还得要亲自尝试。下面这几条建议，我们不妨多试试。

第一，多读经典，保持健康投资心态，正确认识投资。为什么看到涨跌我们会狂喜、紧张、担心？是因为我们没有经历过。而通过多读经典，包括彼得·林奇、约翰·博格、巴菲特、查理·芒格这些投资大师写的书，多总结与思考，会对保持健康投资心态非常有帮助。

第二，要梳理清楚基金投资的目的。每笔钱背后都暗藏着一份“动机”，在开启投资前一定要想明白，这份投资的目的是什么？为了达成这个目的，我们准备花多少代价？这包括时间、本金、波动率等。

第三，要保证仓位要合理，避免患得患失。如果发现自己总是陷入想赢怕输的心态，则很可能是仓位控制不合理，某个基金投入的资金过大，自然就会影响心态。

第四，做好资金规划，专款专用。我们常常说要用“闲钱”做投资，那么哪些钱是可以用来投资的钱呢？就是亏了也不会影响生活的钱。

调整好自己的心态，再结合“术”，我们就会发现：原来基金投资并不是自己想象的那么难！

保险如何选

保险也是家庭理财的重要组成部分。市面上保险种类众多，那么我们该如何找到适合自己家庭的保险，以及如何避免保险误区？还有一点，是我非常希望与朋友们分享的：保险不只是一种理财产品，更应当是一种“保险思维”。

1.从“保险”到“保险思维”

狭义上的保险，就是指市面上那些五花八门的保险产品。我们购买保险，就是为了降低风险导致的损失。保险背后的逻辑就是：对随时有可能出现的风险提前做好准备。

但是，广义上的保险，绝不只是一款产品这么简单。即便我们还没有购买保险产品，也要建立“保险思维”，这是“保险体系”的前置组成。我相信经历过创业的朋友都有过这种感受：在创业最艰难的那段时间，最难熬的也许不是生意上的艰难，而是将所有资金全部用于创业，让整个家庭陷入困境。如果爱人、孩子因为自己的事业而陷入拮据甚至困苦的生活，我们的内心会产生强烈的负罪感。这个时候也许我们会想：如果之前我将一部分资金用于家庭生活，避免孤注一掷，怎么可能会像此刻这般内忧外患？

保险思维其实就是一种“防范思维”，是对未来不确定性的提前准备。一帆风顺之时，我们对风险往往习惯视而不见；遭遇困境之时，我们才意识到防范思维是多么重要！

保险产品解决的是“事后”问题，即对于已经出现的问题给予补偿；但保险思维预防的是“事前”风险，提前降低风险发生的可能性。例如，我们意识到年龄已大，一些激烈的运动已经不适合自己，那么就会主动减少这样的活动，避免发生意外；再例如，我们不想让孩子长大以后变成一个无所事事的“啃老族”，那么就会在他成长阶段着重培养他的独立能力，以避免孩子出现过度依赖父母的情况。

当我们建立了这样的思维，再购买保险产品，才能形成一个合理的闭环：保险思维让我们提前建立防范意识，尽可能降低风险；购买保险产品是建立风险意识，一旦遭遇风险可以让损失降到最低。保险思维在前，保险产品在后，这无论是对于个人还是家庭，都是一套非常完善的“保险体系”。

2.保险有什么用?

有了保险思维，再去选择保险产品，我们会更加有针对性和目标性。不过，很多人会有这样一种观念：保险听起来“很不吉利”，暗示着家庭有可能出现生老病死和其他各类风险。这是人性使然的结果。

但是，我们不喜欢，就可以让它不发生吗？从理性出发，任何一个家庭都无法逃避生老病死和各种风险。购买保险的意义，就在于提前重视风险，降低风险带来的伤害。如果没有风险，那么保险也就失去了意义。

所以，我们不仅不应该排斥保险，还应当利用保险来保护家庭资产。多数保险产品都有一个明确的利率，可以保证本金安全以及获得确定的预期收益。虽然保险产品的收益比不上股票等，但是它的风险却非常低，且不存在本金损失的问题。

当然，保险的首要目的还是降低风险带来的影响，所以我们可以给家庭成员购买健康险、意外险等。这样一旦家人需要治病等，我们就可以通过保险获得报销，避免挪用其他资产的情况出现。

3. 警惕保险的误区

保险虽然可以给家庭带来保障，但是这不等于我们就可以随便购买保险产品，要警惕保险的误区。

首先，要摒弃“以孩子为重”的观念。不少家庭在购买保险时往往只给孩子买，认为孩子需要更多的保障。但事实上，大人才是整个家庭的支柱和核心。一旦大人遭遇意外，家庭就极有可能陷入风险中，比如收入减少、开销增加等。所以，在购买保险时，我们应当尽量给每一个家庭成员都提供相应的保障。

其次，保险购买不要拖延，而是“趁早”。尤其是健康险类产品，年龄越大，购买时的保费就会越高。在保险公司看来，人的年龄与患病风险是成正比的，甚至到了一定年龄，我们还有可能被保险公司拒保。对于同样一份健康保险，我们在40岁时可以买30万元的保额，在50岁时可以买20万元的保额，在60岁时就只能买10万元的保额，超过60可能就没有资格购买了。

最后，不要混淆了保险和投资，尤其是对于理财型保险产品。我们不要只盯着保险的利息，就对其他各种条款视而不见。我再次强调：保险的目的是保障，而不是创造价值。在购买保险前，首先要确定这款保险具体保障哪些方面、提供哪些服务以及是否满足自己的保障需求，然后再去分析它的收益，这才是购买保险的正确思路。

4.如何选择保险

在了解了保险的意义以及购买误区后，我们就要开始选择保险产品。在这个过程中，有以下几点需要特别注意。

第一，先保障，再理财。很多人在购买保险时都存在这样一个现象：本来准备买保障型保险，结果在推销员的影响下，将重点放在了理财型保险上。很显然，这违反了我们购买保险的初衷。

在购买保险时，我们一定要时刻提醒自己：先把基础的保障做全，如果还有余钱，那么再去根据实际情况购买一定的理财保险。先保障、再理财，不要本末倒置。

第二，一定要多了解保险的具体条款。每一款保险都有一份非常完整的合同，它明确了保险公司的责任范围、未来保险赔付的细则、拒保的规定等内容。我们经常听到一些人购买了百万医疗保险，但在赔付时与保险公司产生纠纷的新闻，很多时候都是因为没有仔细了解保险具体条款造成的。

也许有人会说：保险条款太晦涩，根本看不懂。那么我们不妨寻求专业人士的帮助，比如咨询律师或是从事保险行业的朋友。只有保证对每一个条款都了然于胸，我们才能买到一份真正有价值的保险。

第三，货比三家。就算是同样的险种，每一家保险公司推出的产品在保费、保障范围和一些细节上都有差异，这会对未来赔付产生巨大的影响。所以，我们应当把自己的需求做成一个表格，然后将几家不同公司的保险产品排列对比，分析它们的不同之处，找到最适合自己家庭的那款产品。

第 10 章

持续进阶：做个长期主义者

人生之路很漫长，不仅有成功的喜悦，也有凶险与坎坷的窘迫。蜀道难，难于上青天。这句话也同样适用于人生。坦然面对人生的幸福与不幸吧！不断付出，不断分享，与自己、爱人、孩子、父母、朋友达成和解，让人生始终处于进阶的状态。只有这样，我们才能嗅到彼岸的芬芳。

千万别焦躁

在成长的过程中，最忌讳的是什么？就是焦虑与急躁。一旦我们陷入那种疯狂的心态，渴望自己一夜之间成为人上人，那么即便我们掌握了很多正确的成长技巧，也很容易变得狂躁、执拗、不可理喻。因此，在成长的路上，我们需要一步一个脚印地向前走，用时间换空间，做好个人、事业、家庭的平衡。只有这样，我们才能熬过最难坚持的困境，拥抱更广阔的天地。

人生就是升级打怪，熬过去才会有更大的天地

人的一生并不容易，我们会遇到各种各样的难题，有一些甚至在短期内几乎无解。我想了想自己的人生，它同样布满荆棘。我曾在中小学教育培训领域创业，有过辉煌，但也有过一败涂地；后来我又进入网络教育、金融等多个领域，但没有一个是绝对顺风顺水的。有时候我会想：究竟怎样才能活得像一些影视作品里的主人公那样轻松？

然而，随着年龄的慢慢增长，我越发意识到：这种幻想是永远

不可能实现的。不仅是我，我相信每一个人在回忆自己的成长时，都会想到那些让自己痛苦、纠结、迷茫的经历。

用什么类比人生会更贴切？我想，大概就是那种经典的角色RPG游戏，比如《仙剑奇侠传》《勇者斗恶龙》。在这些游戏中，主人公会遇到各种各样复杂的问题，他们需要不断的升级，击败一个比一个强大的怪物，才能获得更多的财富和机会。我们生活的世界，也是一个大型在线游戏，每个人都是主人公，都要面对各自的挑战和困难。这些挑战和困难有时会超出想象，甚至令人感到绝望。如果无法战胜这些困难，那么游戏就结束了；如果可以挑战成功，我们就有机会不断升级，进入高级阶段。

这让我想起了2011年，我30岁那一年的经历。

那一年年初，我们刚刚举办了创业以来的第一场年会，公司销售额翻了好几倍，在北京、上海、广东等地成立了十几个分部，并建立了五六百人的团队。为了庆祝，我们在北京租了酒店，精心布置了会场，让员工排练了节目，给员工准备了奖品。在那场年会上，大家极度兴奋，一群年轻人壮志筹谋，尽情地憧憬着未来的发展。当时我们决定：立刻扩大团队规模，让营业额继续增长。

于是，在春节后，我们开始了疯狂的扩张，不断在各个高校进行招聘。我负责的板块是前端的品牌推广和销售，开始铺天盖地地做营销推广，银子如流水一般地花出去。每天，我的时间都被面试、宣讲塞得满满当当。在休息日，我还得分析销售数据、设计流程、审核培训方案，忙得热火朝天。

我原以为，公司必然会朝着壮大的方向发展。然而就在这一年的9月，在快到我的生日时，财务负责人却忽然焦虑地通知我：公司账上几乎没有钱了。

我大吃一惊，但很快就接受了这个现实。回头算算也能明白：当时我们公司有1200多个员工，就算平均每个人开1000多元的工资几个月也花出去了上千万元；而前端销售预算过于铺张，但转化率却没明显提升。

意识到问题的严重性，我们便开始找银行贷款，后来发展到了借高利贷。钱还没借到多少，资金链困境就被捅了出去。再到后来，我们不得不关闭公司。没想到一切戛然而止，喧闹后只剩唏嘘。公司倒闭后，我几乎不到一年就换一次工作。我先是带着团队到了中小学教育公司，后来去清华大学做成人高管培训，再后来又开始做一级建造师培训。每一份工作看起来都很紧凑，但全然没有业务上的衔接，我整个人陷入一种穷忙的状态，忙着找事情做，忙着挣钱还贷。有时抬头一想，我压根不知道我的未来会通往何方。

这段经历，直到今天依然历历在目。我花了很多年的时间，才从那种强烈的失败感中逐渐走出来。

当然，我们不能只盯着那些困难，认为人生只是一场“苦熬”。虽然我们要面临一个又一个的挑战，但是在这个过程中，我们会不断进化。这种进化，包括探索新的领域、学习新的技能、结识新的社交人群等。进化的速度越快，我们获得成功的机会就会越多，自己也会变得更强大和更有能力。就像在游戏里，随着我们的等级越来越高，我们获得的道具也会越来越强。那种将可怕的BOSS（一般指游戏中最强大的敌人）击败后的兴奋与畅快，不是想象就可以感受得到的。我们的人生就需要有“玩游戏”的精神，坚持不懈地努力和奋斗，即使遇到挫折和失败，也不要轻易放弃。只有坚定地走下去，我们才能最终获得成功和奖励。

不过，我们也需要注意到这个比喻有其局限性。在玩游戏的过程中，我们不断击败怪物，目标只有一个：获得更高的等级和更丰富的道具。但是人生却比任何一款游戏都要复杂，财富和社会地位等级并不是我们唯一的目标。我们还需要良好的人际关系、和谐的家庭关系等。所以，我们需要全面地看待人生，不仅要追求物质财富和成就，还要关注人生的其他方面，与朋友们始终保持积极的互动，与家人、孩子有着亲密的关系，这才是我们需要实现的更远大的目标。

最后，我分享我的一位朋友的一段话，与大家共勉：

“可能很多人都在努力，但是有的人努力了，得到的结果却不一定是好的。因为有的人一生中会经历很多曲折、打击或者不幸。但是即便遇到这些事情，我们依然要勇敢面对。如果因为这些事情就让自己变得颓废甚至堕落下去，那我们接下来的人生该怎么办？大部分人都不是含着金钥匙长大的，我们都需要一步一步努力，让自己成长。比如，就算我现在考试没有过，那我还会继续坚持考下去，五年、六年、七年甚至八年我都会坚持下去。只要是我们愿意付出的事情，就算现在没有结果，总有一天那个结果也会实现。”

 长期主义者的积累，都是为了更好的自己

了解我的朋友都知道，我是一个典型的“长期主义者”，不仅在投资方面，还包括人生的其他方面。所谓长期主义，就是无论遇到什么困难都要扛得住，通过持续性的积累获得收获，而不是幻想着有一个从天而降的机会让自己改变人生。无论是投资理财还是做事业，再到维护家庭关系、教育子女，都需要保持长期主义的心态，这样才能成就更好的自己。

长期主义者有什么样的特点？他们会注重自己的知识和技能的积累，不断学习和成长，提高自己的综合素质和竞争力。他们知道，只有不断地提升自己，才能在激烈的竞争中立于不败之地。看到了他们身上的这一点，我也照此要求自己：哪怕年过40，我依然没有停下学习的脚步，依然要每天看书，去考各种各样的资格证，学习各种专业知识，跟身边优秀的人学习，不断提升自己。也许有些知识暂时看起来在事业上用不到，但是我知道：未来一旦我需要进入这些领域，那么我就可以快速适应自己的新身份，而不是面对新的挑战陷入迷茫。

当然，想做一名长期主义者，就需要学会“熬”，学会通过点滴的积累来提升自己。不可否认，这是一个漫长而艰苦的过程，需要我们不断地努力和奋斗。我当然知道晚上看电影、追剧是一件更轻松的事情，但是如果陷入那样的惬意中，我的人生进步空间就会被大大压缩。

那么，我们该如何平衡自己的内心呢？我的方法是：明确自己的目标和追求，制定长期规划，并严格执行。我将时间进行分类安排，就是为了督促自己必须按照计划去完成规定的内容，不能有丝毫的动摇。也许有更好的方法，未来有机会我希望我们可以一起沟通和交流，一起成为更好的长期主义者。

对长期主义者来说，没有“最”，只有“更”。“最”意味着我们到达了巅峰，巅峰过后必然会走下坡路，只能证明我们的那段历程只是一段可以用于炫耀的历史罢了。但“更”不同，我们永远不知道自己的巅峰在哪里。明天会比今天进步，明年会比今年更出色，我们始终走在不断进步的路上，未来是无法预估的。

我们把目光收回，先不看那么宏大的人生。即便一笔小的投资，如果能做到“长期主义”，那么也会给我们带来惊喜。在我的社群中，有一个小伙伴和我分享了他的经历：

2008年，这个小伙伴开始进行理财，每个月坚持定投500元，一直持续到了2015年。直到2022年，他才忽然想起来这件事，于是就找到定投账户，结果一看：当时投入了4万多元，现在已经变成了9.3万元！

如果没有“长期主义”的积累，他怎么可能收获这笔财富？

教育孩子同样如此。我在前文中分享过孩子读书的故事，如果没有长期对他的阅读习惯的培养，那么他现在必然是一个“手机爱好者”，终日就是捧着手机不可自拔。

教育孩子与投资理财在本质上并没有区别，都需要一个长期的过程。我们需要用长远的眼光来看待孩子，而非短期的成绩和表现。也许一年级时他的成绩并不理想，但我们不必因此就认定他不是学习的那块料，而是应当引导他提升自主学习的能力。我们身边都有这样的故事：一个孩子在四年级前成绩一直倒数，但是进入高年级后好像忽然就开窍了，成绩如坐火箭一般迅速提升。几年后，他考取了一个理想的大学。其实，这并不是所谓的“开窍”，只是在他成绩落后的那几年，他的父母并没有放弃对他的教育，他也在不断进行积累，并没有停步学习的脚步。这个过程看起来似乎很漫长，但是一旦进入“量变到质变”的阶段，他的变化就会让所有人惊喜。

我们的社交资源也需要长期积累。假设在某次晚宴中，我们认识了某个企业的部门领导，彼此交谈甚欢。但是由于工作的缘故，我们很难做到经常聊天、见面，所以就忘记了对方。直到多年后遇到某个问题我们才忽然想起来他，但是由于日常没有任何交流，我们即便鼓起勇气联系对方，恐怕对方也早已将我们忘记。

工作忙不是借口。在这个移动互联网如此发达的时代，即便我们很难做到经常见面，但是在对方的微博、朋友圈留言，时不时与对方进行互动，都是维护社交资源的方法。我们要投入时间、精力和耐心来经营自己的社交资源，说不定某个人在某天就会成为我们的贵人。

我们做人生中的每一件事，都需要长期主义。其实，这就是我在投资理财部分说到的“复利”。财富可以实现复利，事业、家庭也可以实现复利。坚定不移地长期做下去，那个期待中的自己，终有一天会在镜子里朝我们竖起大拇指！

成功 = 工作 + 家庭 + 财富 + 幸福

什么是成功？我相信这个问题的答案一定非常多：

“实现财富自由就是成功！”

“获得内心的满足就是成功！”

“家庭幸福美满，这是我认为的成功！”

“拥有一份稳定的工作，自己不断晋升，这也是成功！”

……

这些回答都没有错，但又都不够全面。真正的成功，应当是多位一体的。目前，大家的普遍共识就是：成功 = 工作 + 家庭 + 财富 + 幸福，这四个维度缺一不可。

我有一个朋友，和我年龄相仿。前年他卖掉了自己经营的工厂，手头大概有1亿~2亿元的现金流，并且在北京和香港分别拥有两套房子。在多数人看来，他是一个不折不扣的成功者，可谓“人生赢家”。但是每次见面，我都发现他非常不高兴，总是一遍遍地和我说“太无聊了，生活毫无乐趣”。他和他的妻子完全不用上班，只是投资了一家餐饮机构，并交给专业团队去打理。

我知道他不是在炫富，因为我能够理解他：虽然实现了财富自由，但是他在其他方面完全没有盼头。在拥有了足够多的财富后，财富增长对于他来说不过就是数字的变化罢了，对他的生活质量的提升也不会太大。所以，他感到焦虑，感到烦闷，远不是我们想象中成功人士的那种潇洒和自在。

但是，如果这位朋友依然在经营着自己的生意，依然有一份事业和工作需要去打拼，他的内心就不会陷入迷茫。无论自己身为老板还是一线员工，一旦进入职场，我们就必须调整自己的状态，去处理各种各样的事情。安排工作、完成任务、拜会客户、签约合同、控制产品质量、组织市场营销……任何一个职位，都有大量的工作需要去处理，这让我们始终处于奋斗的状态。所以我们可以看到，那些我们耳熟能详的富豪，并没有选择所谓的“退休”。马斯克、巴菲特、刘强东……他们对工作的热情甚至比我们还要大！

工作是最能让我们感到充实的手段。对于成功人士来说，工作不再是为了金钱，而是为了满足自身价值实现的需求；对于我们来说，工作不仅是自我价值的体现，也决定了我们的财富多少。能够在工作上出类拔萃的人往往会获得更高的成长空间，财富也会随着自己的不断晋升而递增。它们是相辅相成的。

家庭同样是成功公式中非常重要的一环。我们听过了太多这样的故事：一个富豪生前与结发妻子交恶，双方在媒体上对彼此口诛笔伐。一旦离婚，富豪就要将自己一半的财产分割给对方，为此不惜聘请数十个价格不菲的律师，与爱人对簿公堂。到了自己离世后，孩子们又因为遗产分配问题打得不可开交，甚至发展到“亲兄弟变仇人”的局面。对于这样一个富豪，我们能说他的人生是成功的吗？

对于我们普通人来说，这样戏剧性的故事也许不会发生，但是家庭同样会影响着我们的生活状态。家庭是一个人生命中最重要的组成部分之一，家庭的稳定是衡量一个人成功与否的重要标准之一。如果我们每天工作结束后，回到家里看到的是另一半的冷脸，孩子也与自己并不亲近，甚至叛逆地染上了各种恶习，这时候即便我们的工作有多稳定、职位有多高，我们的内心都是苦涩和无助的。这样的人生，绝对称不上是“成功”的。

再来聊聊幸福。幸福是一个人生命中最基本的需求之一。一个人只有在心灵上感到满足和快乐，才能真正体验到成功的滋味。当然，幸福的定义因人而异，它是一个相对主观的观念，但却是决定一个人是否成功的关键因素。

我们见到过一些极端的明星案例，他们在事业上很成功，有一个让粉丝们羡慕的家庭，但是最后却因为抑郁等原因选择走上了一条绝路，让所有人错愕。这样的人哪怕在其他方面都非常优秀，也无法真正体验到成功的滋味。

下面我分享一个关于我的父亲和我的舅爷爷的小故事。

我的父亲是一个很容易陷入纠结的人，退休后他回老家种青菜，怕鸟儿吃掉，就拿塑料袋盖住自己的小菜园。我的舅爷爷有一次路过看到，对父亲说："你种菜不就是为了自己开心吗？既然是让自己开心，那么鸟儿吃了就是你们的缘分，说明你种的菜好，这不也是一件好事儿吗？既然你种菜是为了打发时间，那又何必在乎结果呢？吃不掉要扔、鸟儿吃了又觉得难过，竟惹得自己不开心。"

与父亲相比，舅爷爷显然更懂得什么是幸福，更有大智慧。所以他现在90多岁依然很健康和健谈。在我看来，他已经实现了他的成功。

现在，我们按照"成功=工作+家庭+财富+幸福"的公式来看看自己的人生吧。补足明显的不足的部分，那么即便我们不是腰缠万贯，我们也是人生路上的成功人士！

善于选择，找准支点，笃于坚持

回首40年的人生，我遇到过无数次的选择题。尤其是30岁左右时的一系列经历，让我对人生有了新的思考。从那时开始，我不仅意识到选择对人生的重要性，更意识到坚持对人生的意义。谨慎寻找人生的方向，然后坚定不移地走下去，这样我们才能拨开天空的乌云，朝着正确的方向前行。

谨慎选择，但别犹豫不前

我们在一生中要面临无数次的选择。比如，每天要吃什么，我们需要做出选择。但是，这种选择对人生并不会产生明显的影响，所以我们并不会特别在意。但是，有一些选择却直接关系着我们人生的走向。就像我，在2011年创业失败后，是选择继续在北京打拼，还是低调地回重庆老家，这并不是一个可以轻易下结论的选择题。

从逻辑上说，回老家在当时一定会赢得很多人的赞同。毕竟北京的生存压力非常大，而回到老家至少能和父母在一起，有稳定的住处，哪怕一辈子碌碌无为也不会有人指责我。

但是我自己的内心告诉我：我不甘于就这样认输，这不是我的性格。虽然留在北京可能会遇到更多的挑战，甚至短期内难于走出困境，但是这个城市有太多老家不可比拟的环境与机会，如果现在就认输，那么我可以看到自己未来几十年的生活。那真的是我想要的吗？

这个问题我思考了一段时间，最后下定决心：留在北京再次出发。我与妻子说明了自己的想法，她对我表示支持，这让我很感激。从此，我再也没有动摇过这个想法，即便公司倒闭后一两年内我过得有些迷茫，但我依然在北京打拼，最终找准了自己的位置。

我很庆幸，在最迷茫的阶段我没有犹豫不前，在留下还是离开的问题上我也没有犹豫。我知道，与我有类似经历的人有很多，他们在遭遇了一次重大挫折后变得畏首畏尾，既不甘心放弃梦想，又怕挑战再次失败。结果在犹犹豫豫中，那些宝贵的时光慢慢流失，甚至对于一些近在手边的机会他们也不敢再抓住。就这样，他们变得越来越优柔寡断与平庸，最后或是离开打拼的城市，或是离开最适合自己的行业，泯然于众生之中。

在做选择之前，没有人会知道最终的结果如何，这种未知感才是最让我们恐惧的。但是我们犹豫不前、患得患失，就可以驱散这种恐惧吗？不迈出向左或向右的那一步，我们永远就只能停在原地。所以，我们可以谨慎选择，多做分析后再决定，但忌讳永远只想着风险，却始终迈不开腿。

当然，我这样说并不是要我们在面临重大选择时，就必须立刻做出抉择。所谓谨慎选择，就是要分析考虑各种可能的情况和影响，并权衡各种利弊得失。如果不做分析就给出答案，那是一种冲动下的决定，是一种不负责任的决定，很有可能会导致不良的结果，从而给自己和他人带来麻烦。就像我之所以选择留在北京继续打拼，是因为我对未来做出了权衡，且与妻子经过了一次深入的长谈，妻子对我的选择表示理解，并对我们的未来做出了深远的分析。有了妻子的支持，我带着重新出发的动力，再次走在了奋斗的路上。

在做出决定后，我们就要开始采取行动实现目标，否则我们很有可能失去机会。时间也是一个重要的资源，我们不能幻想未来还会有更多机会让自己东山再起，一旦错过了最佳时机，我们很有可能要再等上很多年才能等来下一次机遇。唯有坚定目标不断地做，才能改变现状。在公司倒闭后的那两年，我虽然陷入了长久的困惑，但我并没有停下脚步，而是一边迷茫、一边奋斗。最终，我找到了“教育＋金融”的精准事业定位。但是，如果在那个阶段我犹豫不决，整天躲在家里，那么这个定位恐怕还要推迟很多年才能被找到，甚至永远不会在我的生命中出现。

我深知面临选择前的困惑与做出决定后的紧张是我继续前行的最大拦路虎。那么我们应该如何平衡内心的焦虑呢？

首先，我们一定要梳理自己需要解决的问题是什么，然后收集和分析相关的信息和数据。有了数据做支撑，很多问题就可以变得更加清晰，让我们能够看到问题的本质和可能的结果，这有利于做出更好的抉择。

其次，我们要对最终的利弊进行权衡。一旦做出A选择，我们会遇到哪些后果？这些后果与目标相比，是不是我们可以承受的？如果不能承受，那么B选择的后果是什么？对各种选择进行对比，直到我们找到最适合自己的那个选择。

一旦找准了自己的方向，那么我们就不要再犹豫，哪怕有失败的可能，也不要停下前进的脚步。这样才能尽快实现我们的目标。在采取行动时，我们需要保持灵活性和适应性，及时调整我们的计划以应对任何可能出现的情况。

总之，面对人生的各种选择题，我们可以谨慎选择，但不要犹豫不前。否则，我们只能永远活在过去的记忆里不可自拔。

不断付出，经常分享，惊喜会接踵而来

“不断付出，经常分享”这八个字看起来似乎是老生常谈，道理看起来很简单，但真正能做到的有多少人呢？

先来看不断付出。这是一个看似最简单，但实际上最难做到的行为。我们的付出，可以是时间、精力，也可以是资源或者其他形式的投入。但无论是哪一种，都要确保持续性。有的时候，我们看

到了自身不足，决定从明天开始每晚用一个小时看书充电，但是坚持了不到三天就选择放弃，因为还有更轻松和快乐的夜生活在等着自己。这当然不是不断付出，只是浅尝辄止的尝试罢了。

做不到不断付出，就更不可能经常分享，因为我们没有什么有价值的东西可以给别人带来帮助。也许在年少之时，我们和身边的伙伴不需要考虑那么多，只要每天能找到乐子即可。但是随着我们步入社会，身边的交往会越来越复杂。如果我们不能给其他人带来任何价值，那么我们很快就会被小圈子排挤，渐渐地自己的视野也会越来越狭窄，最终被时代淘汰。

所以，付出与分享是相辅相成的。这一点在我进行培训时感受得更加明显。我与粉丝们经常聊天，我会与他们分享各种知识，包括我自己的经历。而他们也会做出积极的反馈，讲述自己的故事，也给了我不少启迪。我一个人的经历和能力是有限的，但是通过这种分享，我获得了更多的知识，可以应用在自己的奋斗中。不仅如此，分享还让我与很多人建立了更进一步的人际关系，从而获得了信任、提高了声誉、提升了影响力。从表面上来看，是粉丝们在向我学习知识，但实际上这种学习是双向的，通过分享我自己对问题的理解，我获得了更加丰富的回馈，它们也进入了我的知识储备库。

所以，不要吝啬分享，这是一种让我们与他人建立联系的行为。我们分享的内容可以有很多，比如自己的知识、经验和资源。通过分享，我们建立了更深层次的人际关系，完善了自己的知识体系，这对未来是非常有帮助的。

当我们可以做到不断付出与分享时，就会发现更多的惊喜和好运会接踵而来。付出源自内部的动力，分享则创造了外部推动的动力。我们做出了积极的贡献，且愿意与其他人进行分享，这时候我们就会变得更有吸引力。越来越多的人会看到我们的价值和才能。那些好运也许是事业上的机会，也许是自己期待已久的贵人，这些都会让我们变得更加充实和满足。不要停下自己前进的脚步，并且与他人分享自己的收获，那么我们的个人成长速度必然会越来越快！

持续进阶的人生，真的很爽

我很喜欢爬山，在闲暇之时，我不仅会一个人爬山，有时还会带着妻子和儿子一起去爬山。顺着长长的台阶，我一步一步地向着顶峰而去，这个过程就是一个“持续进阶”的过程。

人生同样如此。在这本书中，我多次提到了“进阶”，爬山的状态让人沉迷其中：进阶不是静止状态，而是始终处于向上爬的动态。无论什么时候回头看，我们都可以看到自己与过去相比有了很大的进步，这种持续性的收获与喜悦，才是我不断前行的原动力。

所以，在我的眼里，没有所谓的事业成功与财富自由：每一个台阶的进阶都意味着我们获得了全新的视野，我们的人生目标也会发生改变。

当然，进阶并不是一帆风顺的，我们总是会遇到各种各样的挫折，不得不因此绕弯路。但是，只要我们的内心是开阔的，那么我们进阶的脚步就不会停下。“进阶”给我们带来的最重要的就是心态上的改变：可以正确看待挫折，可以不狂喜地收获成功，可以面对人生路上的各种挑战。倘若没有这种“进阶”的心态，那么我们很容易就会感到疲倦，甚至不愿意继续走下去。

曾经有朋友问过我，我是如何从最艰难的那几年中走出来的。我仔细想了想，发现正是得益于“进阶”的心态。读书、考试、进入新的行业……我没有在低谷停下自己的脚步，站在原地自怨自艾。人无论在高峰还是低谷之时，都要不断学习。尤其是这些年，大家的日子都不好过，在这个阶段我们更需要实现持续性的进阶，努力提升自我但不激进。我的选择就是备考CFA，至少它是无风险的，且在学习过程中我会再次实现“进阶”。等到艰难的日子过去，新的机会出现时，我相信，我又会登上一个新的峰顶！

重新认识自己、认识世界、认识“进阶的人生”，这比无意义的横冲猛撞更有价值。就像登山，按着节奏有条不紊地向上攀登，反而比忽而拼命冲刺、忽而坐下来气喘吁吁要更轻松、更有效率，也更容易到达山顶。我们需要成为这样的“进阶登山人”，这样才能离山顶越来越近！

这并不是我在给大家拼命“灌鸡汤”，而是人生要求我们必须这样做。让自己的人生始终处于“进阶”的状态，我们才能在人生中有更好的体验感。正如村上春树所说：“暴风雨结束后，你不会记得自己是怎样活下来的，你甚至不确定暴风雨真的结束了。但有一件事是确定的：当你穿过了暴风雨，你早已不再是原来那个人。”

人至中年，我已经不再追逐所谓的明星偶像。然而，我对《你好，李焕英》中的张小斐却印象颇好，因为她就是那种典型的“进阶型演员”。我曾看过她的访谈，小时候的张小斐被妈妈拎着去上各类兴趣班，寒来暑往从不间断。到了11岁，她被送往中央民族大学舞蹈专业进修。当别的小女孩还在享受父母的怀抱时，高强度的训练把张小斐折磨得苦不堪言。跑步、压腿、拉伸……张小斐说，练了四年，眼泪流了好几大碗。

后来，她考入北京电影学院表演系，同班同学有杨幂、袁姗姗等。但她一直默默无闻，是个不被人注意的龙套。在综艺节目上，一个老演员对她爱搭不理，张小斐委屈得当场落泪。

为了拍戏，张小斐早上5点起床，晚上12点回家。小角色不受重视，她的身上经常摔得青一块紫一块的。有次拍爆炸戏，她被飞来的炸弹炸伤了一只眼睛，一下子眼泪就止不住了。剧组的工作人员却嫌她耽误进度，骂得她一直哭。

贾玲心疼，为此发了微博，说：“小演员，快变成大腕吧！你距离成为我偶像就差一部戏。”

终于，《你好，李焕英》来了，张小斐的演技浑然天成，她的曝光率直线上升。她终于等到了人生的高光时刻，被媒体称为“明星班里后发制人的长跑型选手”。而为了这个机会，她等了整整35年。

在漫漫长夜里蛰伏的张小斐从未停止勇敢地扇动翅膀。辛苦、责难、嘲笑，她都忍了，咬紧牙关，不急不躁。当她终于可以站在聚光灯下时，她却恬静自如，没有表现得歇斯底里，没有抱怨过去的窘迫，只有微笑地看着观众，看着镜头。

正是因为不断进阶，张小斐才可以淡然面对自己的不堪、收获和成功。我希望读到这本书的每一个朋友都可以始终保持“持续进阶”的状态，不断丰富自己的人生。因为这种感觉真的很爽！